marché

编织大花园 6

怦然心动的美妙编织

日本宝库社 编著
蒋幼幼 译

太可爱了，不禁跃跃欲试。

如果心动了，何不动手试试?

为某个人，或者为自己，

一根线，一针一针地完成……

当你沉浸在编织的乐趣中，就离目标不远了。

作品完成后，拍张照片，或者穿戴着出门，

你将迎来更大的惊喜！

河南科学技术出版社
· 郑州 ·

目录 Contents

直编也能如此可爱

应季时尚编织

没有复杂的加减针，
只需直编就能完成。
从日常使用的小配饰
到随意穿搭的毛衣，
既漂亮又实用。
满满都是让你心动的细节。

摄影：Ikue Takizawa 造型：Kana Okuda (Koa Hole)
发型和化妆：Yuriko Yamazaki 模特：Misaki Lauren

一字领直编式套头衫

一字领和落肩宽袖的设计，
时尚典雅。
身片和袖子都是横向编织，
清晰明朗的花样令人印象深刻。

设计 / Saichika
制作方法 / p.70
使用线 / Grandir

围脖

颈部的小配饰是必不可少的。
如果现在编织，一定会推荐这款围脖。
尺寸恰到好处，一颗颗小球也十分可爱，
还有瘦脸的视觉效果哟！

设计 / Naomi Kanno
制作方法 / p.71
使用线 / Grandir

同款不同色

小配饰怎能没有白色款呢？
瞬间散发出温柔可人的气质。

简约风背心

设计简约的背心可以随意搭配，
非常实用。
编织下针和上针形成明显的竖条纹花样，
看似简单的针法却加入了小技巧，
清爽又修身。

设计 / 风工房
制作方法 / p.72
使用线 / Soft Merino

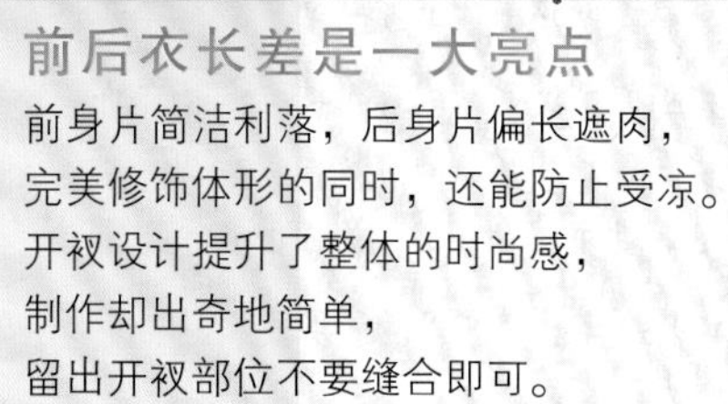

前后衣长差是一大亮点

前身片简洁利落，后身片偏长遮肉，
完美修饰体形的同时，还能防止受凉。
开衩设计提升了整体的时尚感，
制作却出奇地简单，
留出开衩部位不要缝合即可。

多用途斗篷

心仪已久的阿兰花样斗篷，
只需用 2 根线编织成长方形即可。
快来挑战吧！
用钩针编织一圈边缘，
再缝上喜欢的纽扣加以点缀。

设计 / Yuka Kobayashi (tsumugi)
制作方法 / p.74
使用线 / Soupir Wool

半指手套

手背是镂空花样，手掌是罗纹针。
一圈圈地环形编织，并在中途留出
拇指洞。
上下颠倒过来戴上后可以完全盖住
手指部分，
就像是连指手套。

设计 / 伊野 妙
制作方法 / p.75
使用线 / HANA MERINO

用作披肩

换一种方式扣上纽扣，
淑女风十足。

用作盖膝毯

解开扣子摊平后，
也可以直接用作小盖毯。

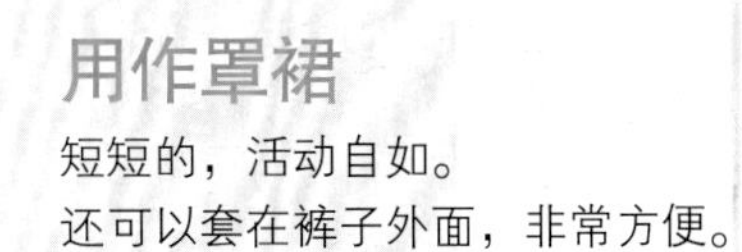

用作罩裙

短短的，活动自如。
还可以套在裤子外面，非常方便。

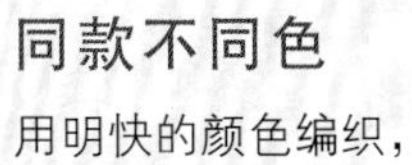

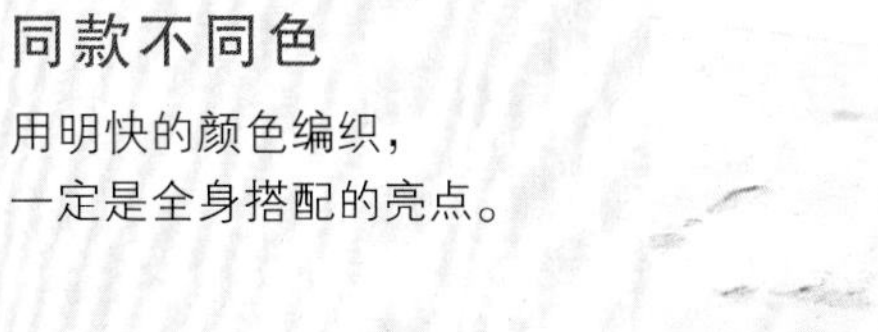

同款不同色

用明快的颜色编织，
一定是全身搭配的亮点。

配色编织的手提包

收拢长方形编织包包的袋口，
主体的形状就会有变化。
在钩针配色编织的主体上加
上用布缝制的提手，
两种不同材质的结合使作品
显得更加精美别致。

设计 / Ha-Na
制作方法 / p.73
使用线 / Soft Merino

同款不同色

以芥末黄为主色，洋溢着浓浓的秋意。
为了使针目整齐美观，避免歪斜，
每圈都在前侧半针里挑针钩织。

扣上纽扣

解开 1 颗纽扣就是小翻领，
全部扣上又给人小正装的感觉。

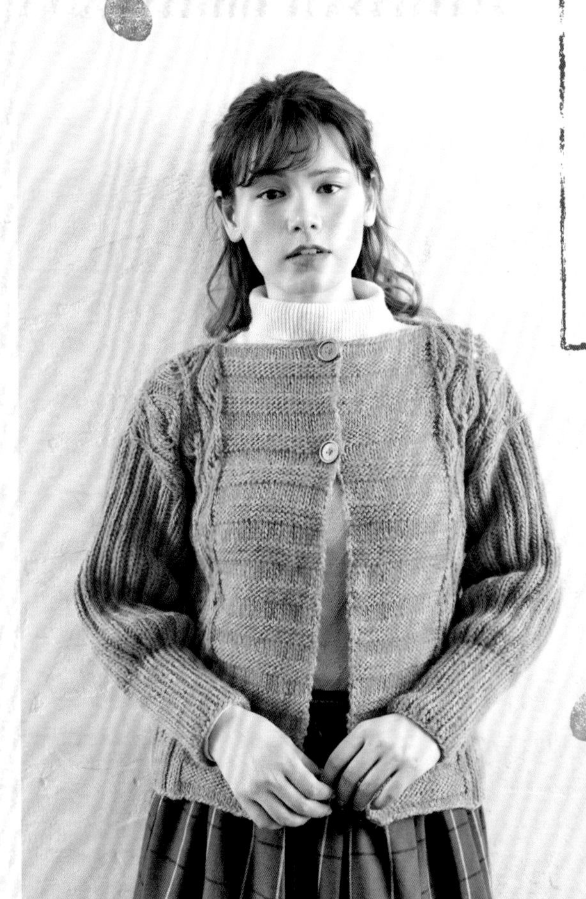

happy knit

对襟开衫

因为是用较粗的毛线编织，
这款毛衣针数相对较少，
编织起来也比较快。
前、后身片的花样完全不同，
可以尝试各种有趣的穿法。

设计 / 钓谷京子
制作方法 / p.76
使用线 / rover -colors-

后开襟穿法

前后调换着穿，效果截然不同。
叶子花样特别可爱！

happy knit

编织帽

用极粗毛线环形直编后做伏针收针，
在帽顶穿线收紧即可完成。
配色编织的之字形花样非常巧妙，
简单中透着俏皮可爱，
真是一款让人心情愉悦的帽子。

设计 / Ha-Na
制作方法 / p.75
使用线 / Basic极粗

作品中使用的线材

Soupir Wool
羊毛（美利奴羊毛）53%、腈纶31%、其他纤维（莱赛尔）15%、蚕丝1%　全9色　40g/团，约72m　中粗

Soft Merino
羊毛（美利奴羊毛）100%　全18色　40g/团，约95m　中粗

Grandir
羊毛80%、幼羊驼绒20%　全14色　40g/团，约72m　中粗

Basic极粗
羊毛（含50%的美利奴羊毛）100%　全13色　40g/团，约45m　超级粗

La Provence系列 rover -colors-
羊毛（乌拉圭羊毛）100%　全10色　40g/团，约56m　极粗

HANA MERINO
羊毛（美利奴羊毛）100%　全10色　40g/团，约95m　中粗

百变
穿搭推荐

在日常搭配基础上加入手编单品，
可以带给我们另一种时尚。
灵活穿搭精心编织的服饰，
展现出别样的风采吧！

摄影：Ikue Takizawa 造型：Kana Okuda (Koa Hole)
发型和化妆：Yuriko Yamazaki 模特：Misaki Lauren

coordinate 1

p.22 木柄手提包
+p.33 发带

与长款开衫和优质皮靴搭配穿着，碎花连体裙裤丝毫不显孩子气。发带与裙裤为同一色系，再加上手提包，更显优雅气质。

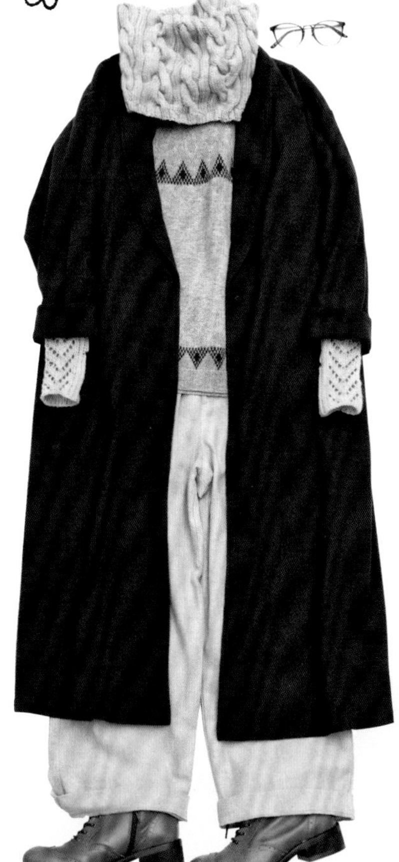

coordinate 2

p.6 半指手套
+p.29 麻花花样的围脖

长款外套与粗呢裤子的装束比较中性化。搭配一款厚实的黄绿色围脖，在基础色调上增添了一抹亮色。

尽情
编织吧！

coordinate 3

p.14 围巾
+p.33 发带

阔腿裤与宽松长衫的搭配呈现了从白色到象牙白色再到驼色的渐变效果。整体显得修长、清爽，极具个性的围巾是全身的亮点。

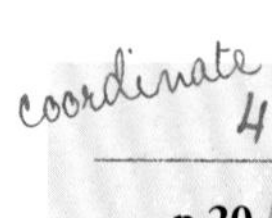

p.20 黑白色调的两用包
+p.30 蝴蝶结位于后面的发带

加了别致的小配饰，整体的搭配很文艺。长款衬衫非常百搭，再加上短款背心和较宽松的裤子，轻松穿出层次感。

coordinate
6

p.28 宛如蝴蝶结的发带
+p.29 长款围脖

简单的服装加上一些小配饰会给人不同的感觉。小挎篮加上一条仿皮草织物，在冬季也会非常实用！亮色的裙子搭配一些沉稳色系的服饰，显得端庄大方。

coordinate
5

p.6 多用途斗篷
+p.53 保暖袖套

小配饰和紧身裤为条纹连衣裙增添了色彩。在还没冷到需要外套的时候，小配饰既保暖又时尚。

coordinate
7

p.3 一字领直编式套头衫
+p.16 手提包

百褶裙、贝雷帽和系带低帮皮鞋可以说是经典的女学生装束。如果衣服和小配饰的色调搭配得当，俨然就是一套雅致的成人服饰。

单片精巧可爱，拼接起来赏心悦目

小花花片

钩针编织的小花花片无论是单独使用还是拼接起来都那么可爱。
或者纯色或者配色，可以演绎出无穷变化，这也是其乐趣所在。
立体花片、线头处理非常轻松的连编花片……
试着挑战各种各样的编织方法吧！

摄影：Yukari Shirai 造型：Megumi Nishimori

围巾

with this motif

a

就像摘下一朵朵小花，着迷地钩织着花片。
花片越来越多，仿佛繁盛美艳的花束，
这款作品便由此诞生。
单独的一个立体花片就非常别致，
制作成胸花也一定很美。

设计 / Kayomi Yokoyama
制作方法 / p.78
使用线 / ISAGER ALPACA2

color change

姜黄色的纯色围巾可以成为整体穿搭中的亮点。
仅仅是围上它，心情似乎就舒畅很多。
轻轻地搭在肩上，注意不要压扁花瓣。

MUFFLER

可作罩裙的披肩

先用五彩的段染线钩织小花，
再用灰色线将所有花片连接起来。
深色的缎带在整体视觉上有收拢的效果，
使作品多了一份成熟和雅致。

设计 / Hiromi Endo
制作方法 / p.79
使用线 / HOBBYRA HOBBYRE
Roving Ruru、Wool Sweet

温暖的罩裙让人穿一次就会为之着迷。
下摆的波浪形边缘非常可爱，
这是连接花片自然形成的独特效果。

CAPE & OVER SKIRT

手提包和收纳包

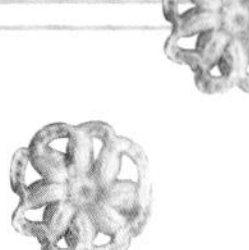

手提包和配套的收纳包都运用了
无须断线的连编花片。
松软的马海毛线给人柔和优雅的感觉。
收纳包的花片部分设计成了外口袋。

设计 / Yasuko Sebata
制作方法 / p.80
使用线 / 和麻纳卡Alpaca Mohair Fine、Amerry

收纳包的主体和手提包的提手部分
钩织紧密的短针。
缝制过程虽然有点复杂，
但是完成后的作品既精致又实用。

C with this motif

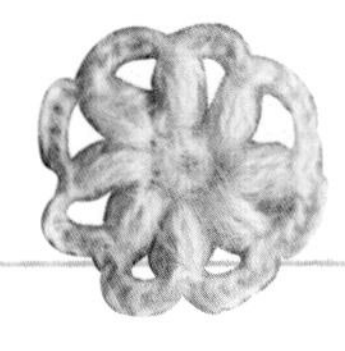

BAG & POUCH

盖毯

由正方形花片拼接而成，
花片的中心部分仿佛4片花瓣。
由于整体的色调比较接近，
所以多种颜色编织的效果也非常协调。

设计 / Sachiyo*Fukao
制作 / 内田 智
制作方法 / p.83
使用线 / Ski 毛线 Tweed Tweed

d with this motif

color change
用原白色1种颜色编织，
作品更显清新自然。
不妨用喜欢的颜色试着编织一条，
让它伴随你度过闲暇时光吧！

热水袋保温套

紧密的枣形针钩织出厚实的花朵，
严实地包裹着热水袋。
束口袋式的设计使热水袋取出和放入都很方便。
细绳的两端缝上小圆球，十分别致。

设计 / 松本薰
制作方法 / p.82
使用线 / 芭贝 Queen Anny

快速编织，简单又时尚

用粗线编织的小物

下面是短时间内就可以迅速完成的超人气粗线编织小物，
新颖时尚，充满存在感，
在Instagram（照片墙）等社交网站上也备受关注。
编织方法以短针为主，初学者也能轻松挑战。
此外，还将通过步骤详解为大家介绍时下热门的“手腕编织”！

摄影：Ikue Takizawa（p.19–23），Yukari Shirai（封三）
造型：Kana Okuda (Koa Hole) 发型和化妆：Yuriko Yamazaki
模特：Misaki Lauren 撰文：Sanae Nakata

单提手小拎包

短针钩织的水桶形小拎包，
圆鼓鼓的轮廓煞是可爱。
选择明亮的颜色，
一定会成为全身穿搭的亮点。

设计 / 杉山朋
制作方法 / p.84
使用线 / DMC Hoooked Zpagetti

用相同的线钩织的纽扣是设计的重点。
扣上纽扣，包里的物品就不会暴露，可以放心使用。

黑白色调的两用包

只要直编就可以完成的时尚小包。
通过合股棉线的增减，
可以轻松编织出黑白渐变的效果。

设计 / 渡部真美（short finger）
制作方法 / p.84
使用线 / DMC Hoooked Zpagetti、Natura XL

取下链子，
还可以用作手拿包。

Hoooked Zpagetti（DMC）

利用T恤衫和针织衫等裁剪余料再生加工的极粗棉线。含90%的高级再生棉和10%的其他再生纤维，纯色，约850g / 团（约120m）。
※线材的颜色深浅和粗细等存在一定差异。

小圆凳坐垫套

短针钩织的配色花样坐垫套，
在家居软装中显得格外亮眼。
针目紧密，结实耐用。
边缘还用流苏进行了装饰。

设计 / 渡部真美（short finger）
制作方法 / p.85
使用线 / DMC Hoooked Zpagetti

围脖

编织成圆筒状的围脖蓬松柔软，
透着皮草般的奢华感。
欧根纱丝带增添了一份甜美气息，
这是一款让人焕发神采的时尚单品。

设计 / NatsumiKuge
制作方法 / p.85
使用线 / Clover mofumo

将丝带换成相同的毛线，浑然一体，非常自然。一起穿入2~3根毛线，长长地垂在胸前。

在圆筒状织物的中心穿入丝带，收拢系紧后保暖性更佳！

mofumo（Clover）

“毛茸茸”的柔软质感和漂亮的渐变效果是这款线材的特点。含54%的羊毛和46%的腈纶，全9色，150g / 团（约30m）。

木柄手提包

带有侧片的编织手提包端庄大气，
出门时携带非常方便实用。
只需交替重复钩织短针和锁针，
花样简单，编织起来也令人轻松愉快。

设计 / Naomi Kanno
制作方法 / p.86
使用线 / Clover Lunetta

使用带扣的皮革绳，
拉近两端的侧片，
使包形更加漂亮。

Lunetta（Clover）
超级粗纱线，饱满的色泽和轻柔的质感是这款线材的特点。含70％的腈纶和30％的羊毛，全10色，100g／团（约50m）。

布条编织的收纳篮

将北欧风色调的被套裁剪成布条，
编织成收纳篮，厚实耐用。
将皮革带缝在提手上，既结实又别致。

设计 / 青木惠理子
制作方法 / p.87

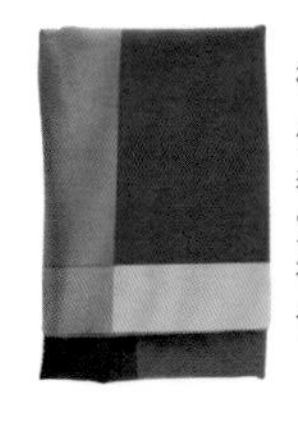

被套
使用蓝色系的方格纹被套，将其裁剪成1.5cm宽的布条后进行编织。被套的尺寸为宽150cm，长210cm，100%棉。

let's enjoy arm knitting!

手腕编织的长围脖

这是一款手腕编织的围脖，无须任何工具。
针目疏松，轻暖舒适，即使围上几圈也不会感觉厚重。
在寒冷季节佩戴，既百搭又实用。

设计／小野优子（ucono）
制作方法／封三、p.86
使用线／和麻纳卡 FüTTI

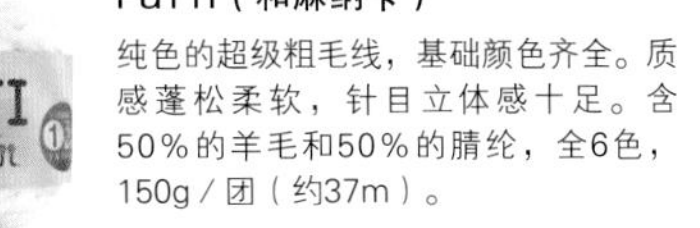

FüTTI（和麻纳卡）
纯色的超级粗毛线，基础颜色齐全。质感蓬松柔软，针目立体感十足。含50%的羊毛和50%的腈纶，全6色，150g／团（约37m）。

展开后长长地挂在胸前，清爽简洁。可以尝试各种不同的围法。

挑战卷针编织！

雅致的古典风钩编

一圈圈地在钩针上绕线，然后引拔穿过全部线圈完成卷针。
独特的纹理形成别致的花样，一起编织精美的小物吧！

设计：Yumi Inaba　摄影：Yukari Shirai　造型：Megumi Nishimori　撰文：Sanae Nakata

收纳包

细腻的正方形花片使卷针格外醒目。
连接6个花片后，缝在布制的收纳包上。
既复古又典雅，正适合成熟女性使用。

制作方法 / p.88
使用线 / DARUMA 鸭川#18

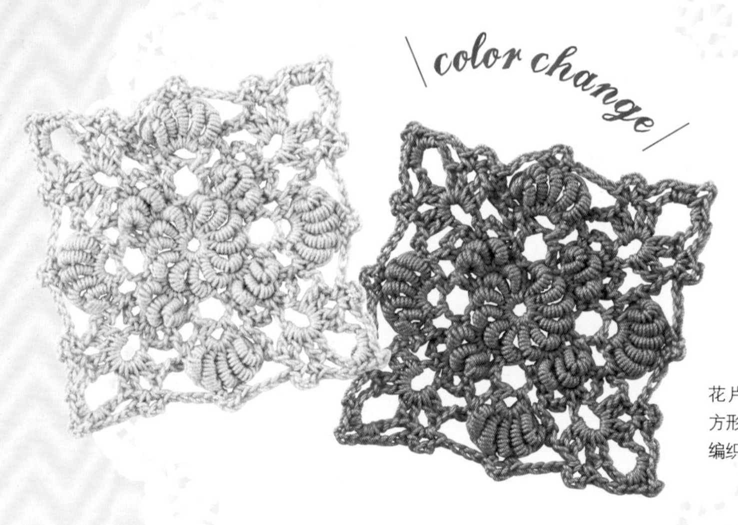

花片是边长为6cm的正方形，这样的大小初学者编织起来也比较容易。

用蕾丝线钩织

胸针和耳环

在针上绕10次线钩织的卷针非常引人注目。
耳环只需钩织2圈，很快就可以完成。
椭圆形的胸针宛如浮雕作品，
用纯色线钩织，完美呈现了花样的立体感。

制作方法 / p.88
使用线 / DARUMA 鸭川#18

用羊毛线钩织

发圈

换成蓝色系毛线钩织的发圈
要比蕾丝线钩织的胸针大一圈，
显得更加饱满有型。
照常扎起头发也一定非常精致。

制作方法 / p.88
使用线 / DARUMA iroiro

作品的制作者

稻叶由美
2008年创立品牌bow，通过图书、展会活动以及个人主页等展示作品，充满复古气息的作品广受好评。著作有《怀旧风钩针编织小物》。

方形坐垫

用极粗的羊毛线钩织的卷针方形坐垫
既温暖，又松软。
稍稍加宽的边缘是一大亮点，
其别致程度完全不输于主体的花样。

制作方法 / p.89
使用线 / DARUMA Merino 极粗

color change

结合室内装饰风格换色编织也非常精美。
也可以用作地垫。

卷针花片是将长方形的织片对折，因而更具弹性。

《奇妙的钩针编织》

书中介绍了25款钩针编织的作品，技巧独特，花样充满乐趣。河南科学技术出版社已引进出版。

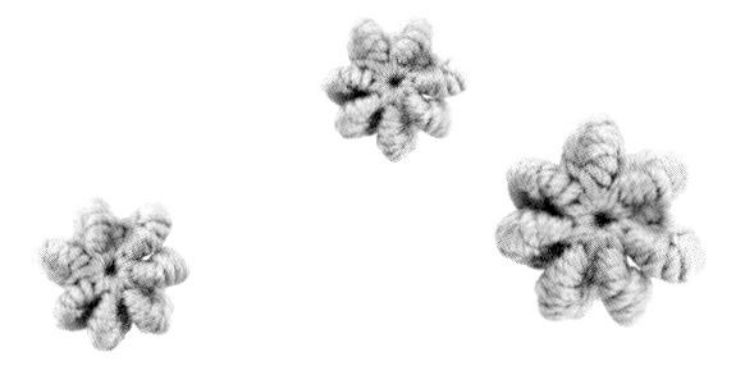

一起来编织卷针花片吧！

※下面以耳环的花片图解为例进行说明。

此处，在针上绕10次线后钩织卷针。
小心地拉出编织线，依次穿过每个线圈，最后完成漂亮的花样。

起针

1 按“在手指上挂线环形起针”（参照p.65）的方法，制作最初的针目。

卷针

第1圈

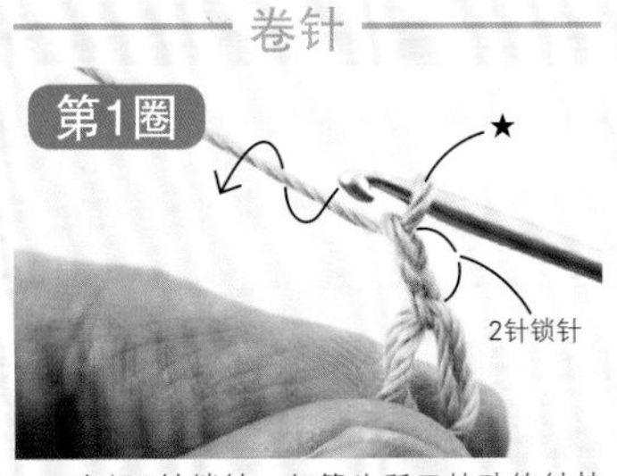

2 立织2针锁针，如箭头所示转动钩针挂线。

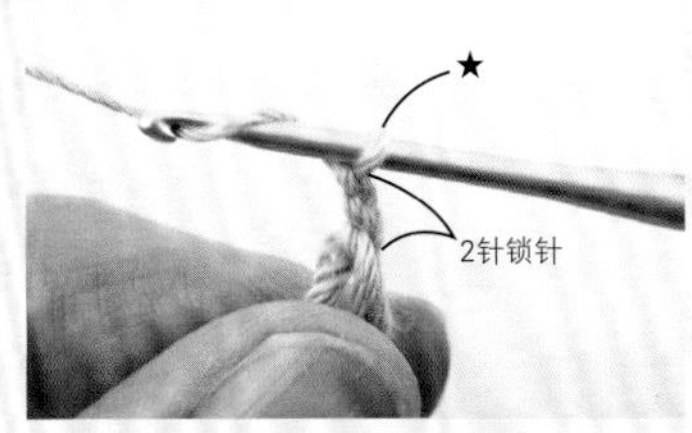

3 挂线后的状态。这是第1次绕线。

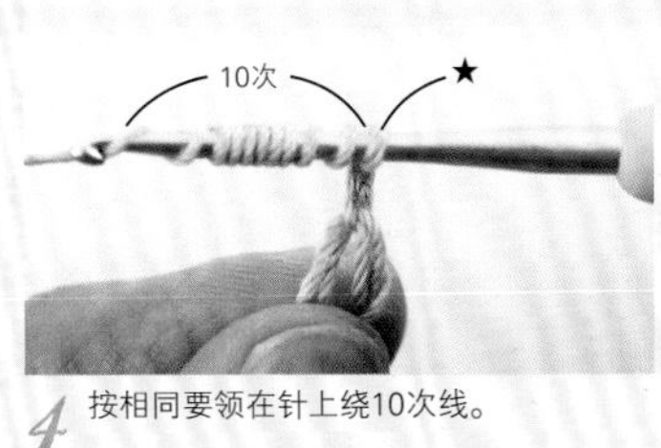

4 按相同要领在针上绕10次线。

要点

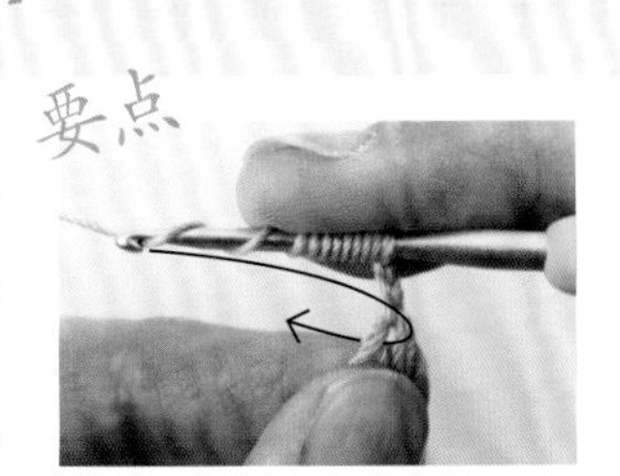

在针上绕线后，为了避免所绕线圈变松，用手指按着线圈继续钩织。

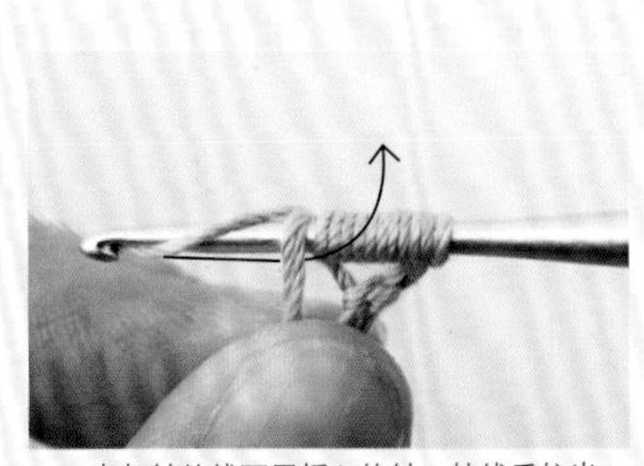

5 在起针的线环里插入钩针，挂线后拉出。

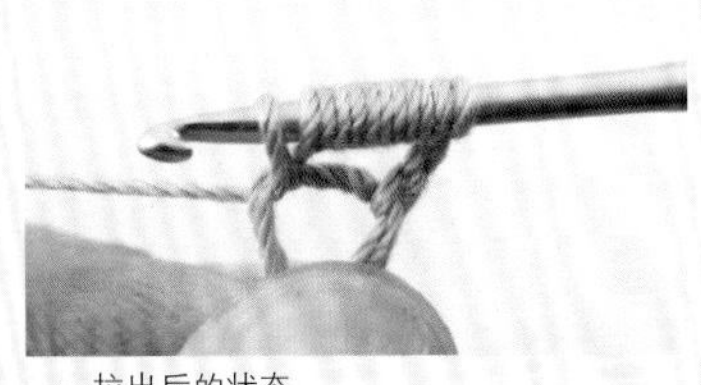

6 拉出后的状态。

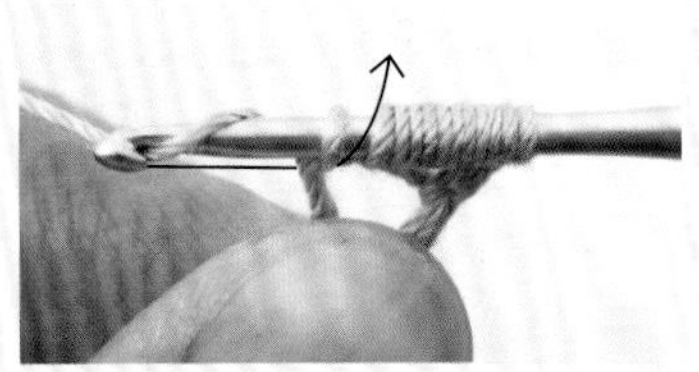

7 再次在针上挂线，引拔穿过步骤6中拉出的线圈。

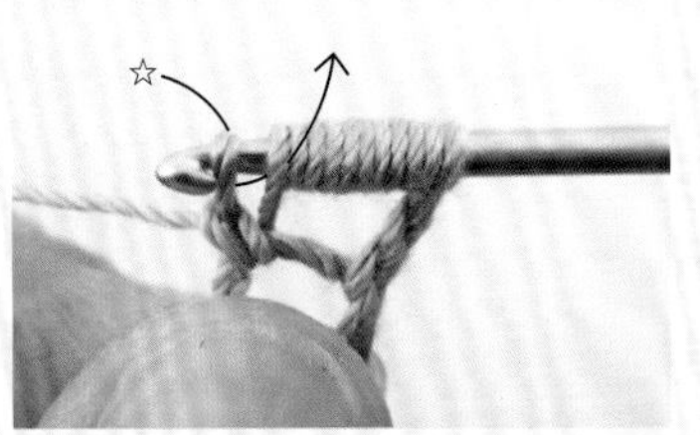

8 接着将步骤7中拉出的针目（☆）从绕在针上的1个线圈里拉出。

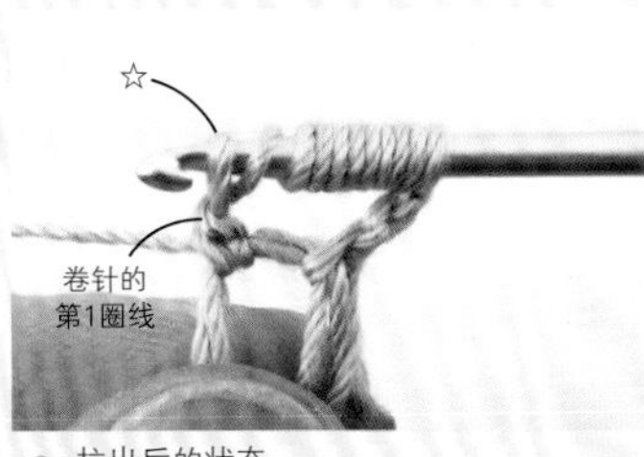

9 拉出后的状态。

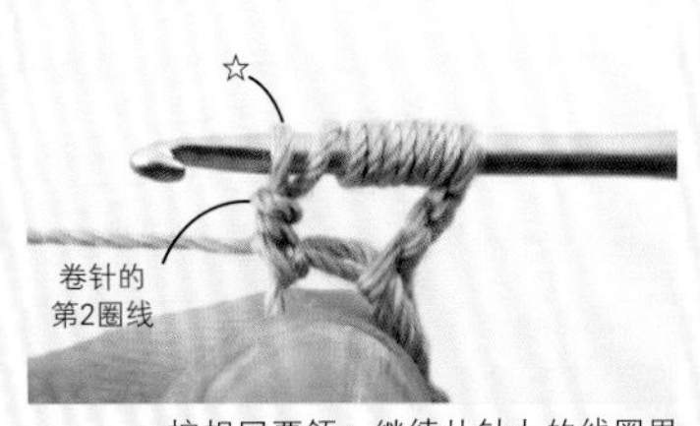

10 按相同要领，继续从针上的线圈里依次拉出。

11 从绕在针上的所有线圈里拉出后的状态。卷针上有10圈线。

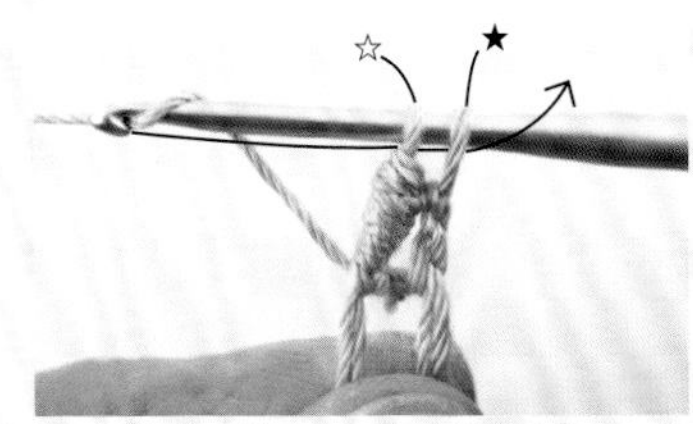

12 在针上挂线，一次引拔穿过线圈☆和★。

13 引拔后的状态。1针绕10次的卷针就完成了。

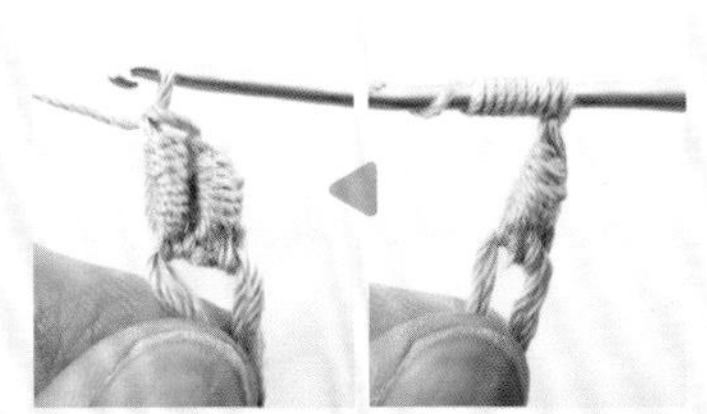

14 从第2针开始，按步骤2~13的要领继续钩织卷针。

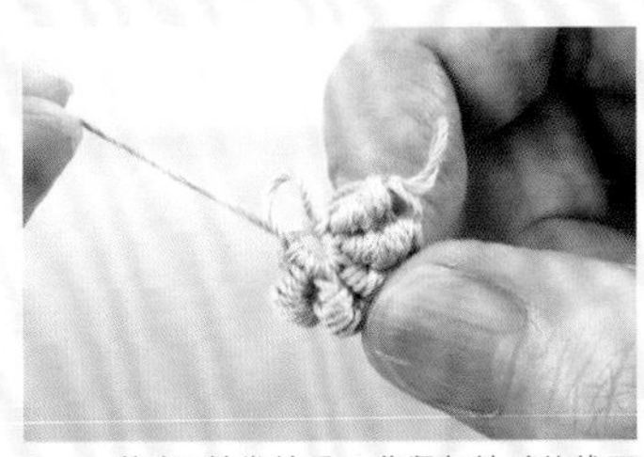

15 钩完5针卷针后，收紧起针时的线环（参照p.65）。

16 接着，在收紧后的线环中心插入钩针，再钩2针卷针。

17 最后在第1针卷针的头部插入钩针。
※跳过立织的锁针。

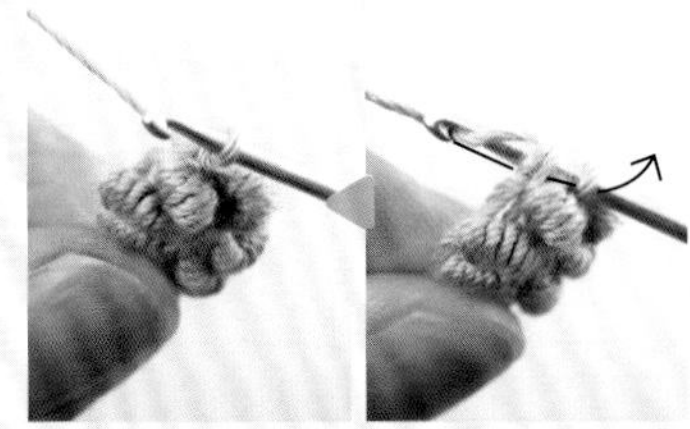

18 在针上挂线后一次拉出（钩引拔针）。

19 第1圈完成。

第2圈

20 立织1针锁针，在步骤17钩引拔针的针目里钩1针短针。

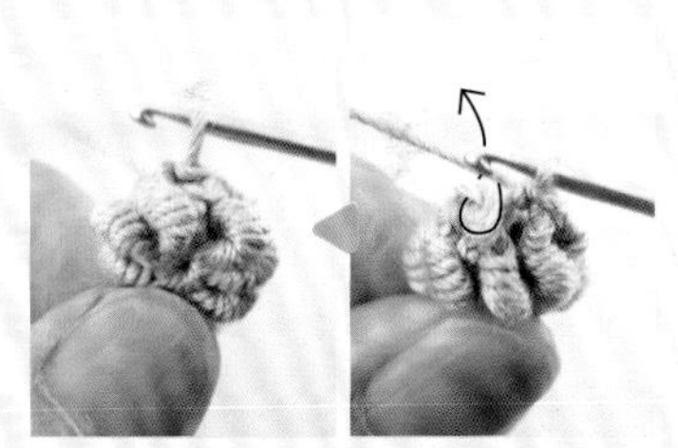

21 接着在所有卷针的头部钩织短针，最后在第1针短针的头部引拔。第2圈完成。

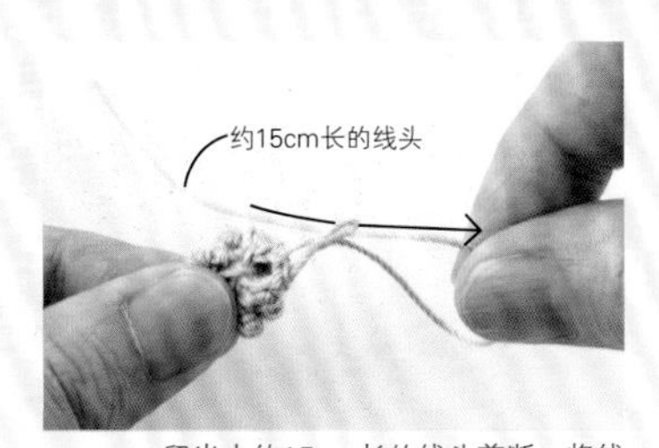

22 留出大约15cm长的线头剪断。将线头穿过最后一针的线圈，拉紧。

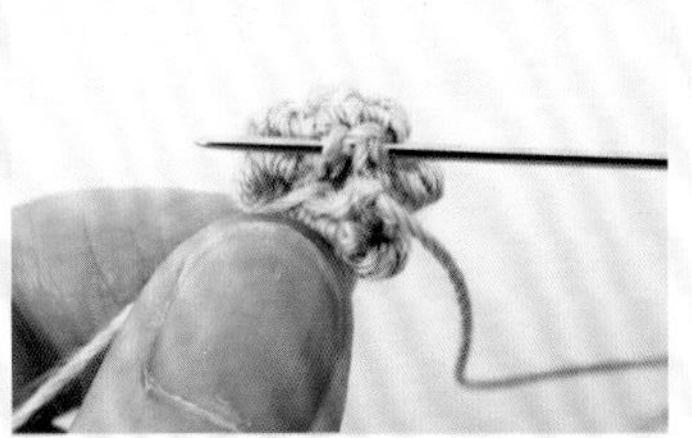

23 将线头穿入手缝针，在最后一圈穿过几针藏好线头。
※作品中，最后将花片缝在耳环金属配件上。

\ 欢迎初学者尝试！/

棒针编织的发带和围脖

虽然没有棒针编织的经验，但是很想尝试一下！
对于这样的初学者来说，
无须加减针可以直编的发带和围脖再适合不过了。
编织完成后马上就可以使用，还很保暖，这一点也非常让人心动。

摄影：Ikue Takizawa (p.28~30), Yukari Shirai (p.31)
造型：Kana Okuda (Koa Hole)　发型和化妆：Yuriko Yamazaki
模特：Misaki Lauren　撰文：Chiyo Takeoka

宛如蝴蝶结的发带

等针直编后连接成环形，再缝上另外编织的小织片即可。
由于是下针编织，织物两端在编织的过程中会自然卷曲。
只需将两端折进内侧做卷针缝，这个问题就会迎刃而解！

设计／杉山朋
制作方法／p.90
使用线／DARUMA 接近原毛的美利奴羊毛线

麻花花样的围脖

这是一款环形编织的围脖，
可以一直看着正面编织，简单易学。
交叉花样请参考p.69的编织方法。

设计 / 杉山朋
制作方法 / p.90
使用线 / DARUMA Merino 中粗

长款围脖

使用与上面的围脖相同的花样。
不过这一款采用的是往返编织，
然后缝合编织起点和编织终点。

设计 / 杉山朋
制作方法 / p.91
使用线 / DARUMA Merino 中粗

蝴蝶结位于后面的发带

前面是交替编织下针和上针的桂花针，
在正中心扎紧，呈现鼓鼓的形态。
后面的蝴蝶结带子使用2种线合并编织，
色调清新可爱。

设计 / 野口智子
制作方法 / p.92
使用线 / DARUMA Merino中粗、
Dulcian极细

多种毛线编织的围脖

依次用合股线、夹杂着小颗粒的花式线和纯色线连续编织。
不同线材的纹理变化非常有趣，一定会成为简约风服饰的搭配亮点。

设计 / 野口智子
制作方法 / p.92
使用线 / DARUMA Merino极粗、
Pom Pom Wool、Dulcian极细

为初学者准备的

棒针编织要点讲解

只要掌握了棒针编织中基础的“手指挂线起针”“下针”“上针”“伏针收针”，
就相当于学会了等针直编的大部分作品。下面为大家介绍编织过程中行之有效的若干要领。

符号图的看法

棒针编织的织片有正反面之分。图中是下针编织的基础织片，从正面看全部是下针，从反面看全部是上针。符号图标示的是从正面看到的针法，所以全部是下针。实际操作时，从正面编织的行织下针，从反面编织的行织上针。

正面

反面

下针编织的符号图
（10针10行的情况）

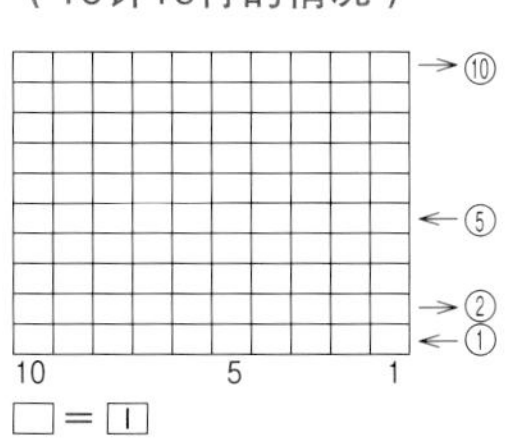

Point 针目不小心脱落时

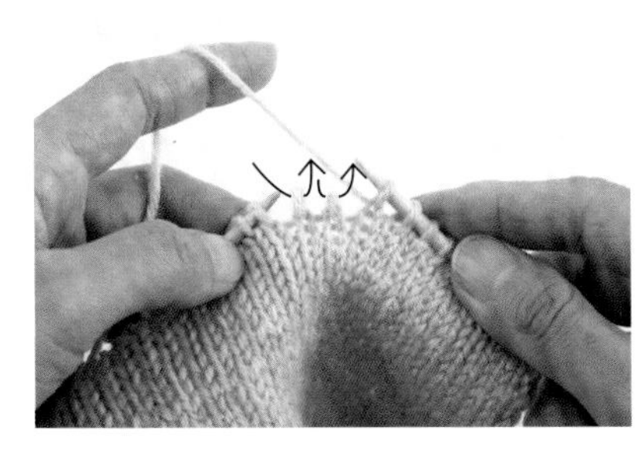

针目不小心脱落时，不知道应该怎么办！这时，切记不要慌张。逐一挑回针目即可，不过要注意挑针的方向。挑针时不要让针目发生拧转，要与挂在棒针上的针目朝向相同。
（箭头所示为用左棒针挑针时的方向。）

Point 最后用熨斗整烫

蒸汽熨斗堪称初学者的救星。当你觉得针目不太平整时，喷上足够的蒸汽熨烫一下，针目也好、形状也好都会变得整齐美观。熨烫时，熨斗不要直接贴在织物表面，务必悬空1~2cm进行蒸汽熨烫。喷上蒸汽后，用手指调整形状，小心不要被烫到。然后，静置等待蒸汽散去即可。

环形编织时

像围脖一样圆筒状结构的作品，使用4根棒针或环形针往往更加容易编织。虽然换针有点麻烦，但是编织时不用在意正反面，只要看着正面编织即可，而且无须缝合两端的针目，所以非常适合初学者。一定要挑战一下哟！

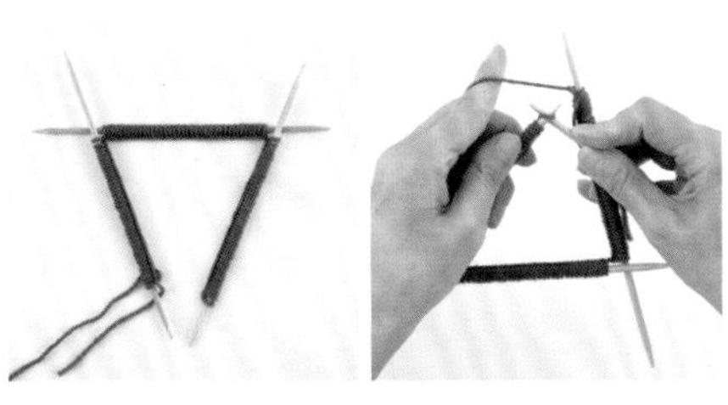

● 用4根棒针编织

起好所需针数后，将针目平均分在3根棒针上摆成三角形，注意不要拧转针目。拿起棒针，使三角形绕成一圈，在第1针里插入第4根棒针开始环形编织。

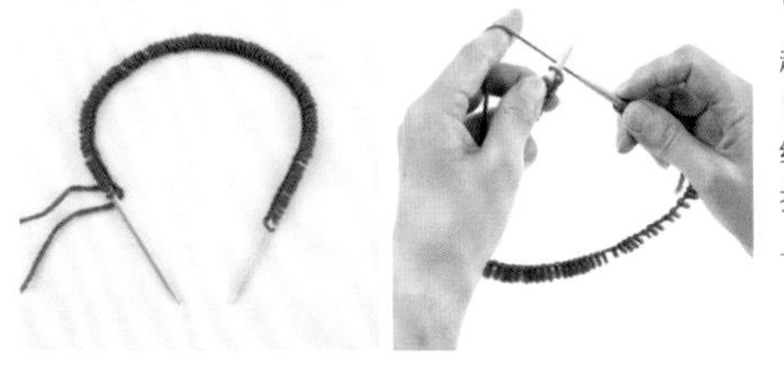

● 用环形针编织

起好所需针数后，整理一下针目以免拧转。拿好两端的针头绕成环形（此时也要注意不要拧转针目）。将线挂在左手上，从第1针开始环形编织。

Point 编织时保持针目大小一致

使用棒针较粗的部分编织

棒针较粗的部分就是针号对应的粗细程度。不要用较细的针头部分，而是往里一点用棒针较粗的部分编织。如果只用针头部分编织，针目就会编织得比较紧密。

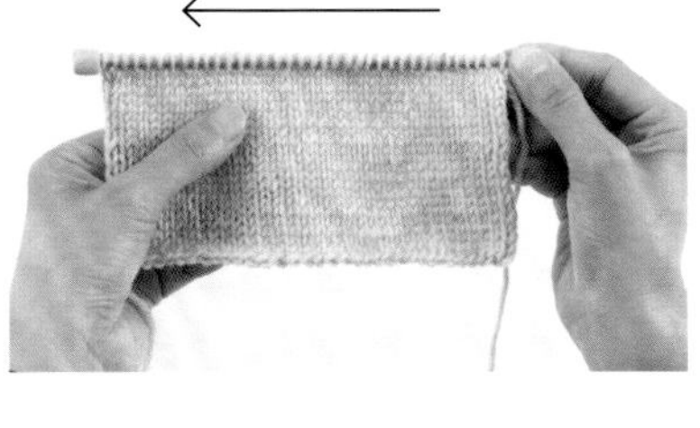

保持线的松紧度一致

如果挂在左手食指上的线一会儿松一会儿紧，针目就会有大有小。为了统一针目的大小，一边编织，一边要注意线的松紧度。

确认编织时的手劲儿

时不时地将织片左右稍微拉动一下，确认编织时的手劲儿是否刚刚好。如果棒针上的针目可以左右移动，既不会太紧也不会太松，那就说明编织时的手劲儿刚刚好。

Point 注意边针不要太松

边针太松并不是仅发生于棒针编织初学者的问题。边上的针目本身就比较容易松弛，在某种程度上是没有办法的事情。不过，编织至行末时将线拉紧一点再翻转织片，下一行的第1针和第2针稍微织得紧一点，就可以改善边针太松的问题。

总有一款是你喜欢的！

发带系列

作为时尚单品的发带，
无论是钩针还是棒针都可以快速编织完成。
轻松打理头发，不同的设计给人的感觉也截然不同。
那就多编织几款，享受搭配的乐趣吧！

摄影：Ikue Takizawa (本页), Yukari Shirai (p.33)
造型：Kana Okuda (Koa Hole)
发型和化妆：Yuriko Yamazaki　模特：Misaki Lauren

深色的发带佩戴起来更显自然随意。时下最流行的就是松散的发辫。

天气寒冷时，将人造皮草线编织的发带往下拉，像耳暖似的盖住耳朵部位。如此打造的发型怎么样？

Hair band Collection

a 人造皮草

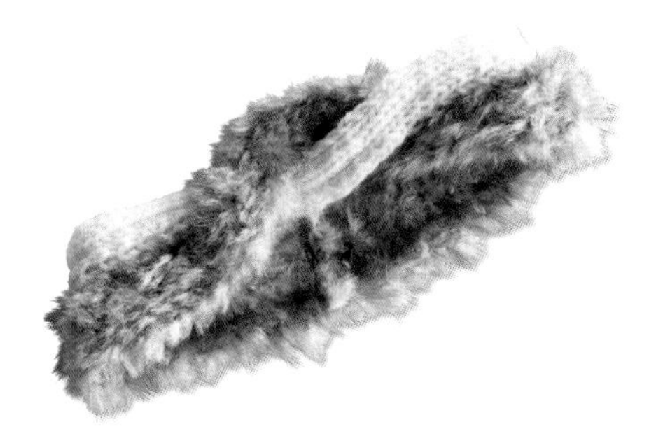

用人造皮草线编织的发带既保暖又充满自然感。
只需直编和交叉处理，作品看起来非常精致。

设计 / 冈本启子
制作 / hitomi
制作方法 / p.106
使用线 / Amerry、Lupo

b 枣形针

枣形针和拉针呈现出很强的立体感，
钩针编织的发带体现了手编独有的设计魅力。

设计 / 冈本启子
制作 / hitomi
制作方法 / p.106
使用线 / Exceed Wool L（中粗）

c 竹篮风

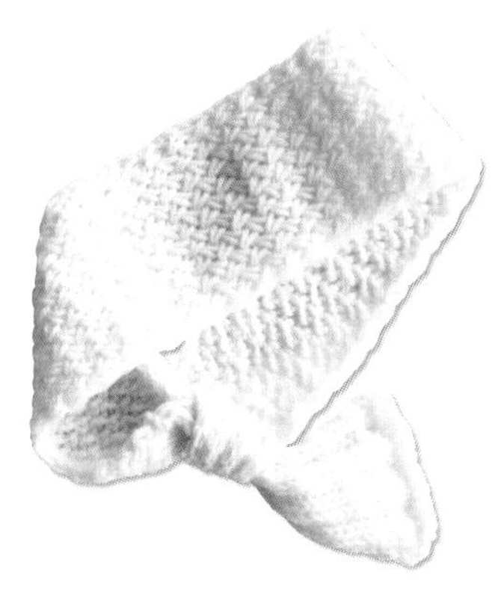

交叉花样的竹篮风纹理非常漂亮。
后面的不对称设计很适合高高扎起的发型。

设计 / 冈本启子
制作 / hitomi
制作方法 / p.107
使用线 / Amerry

d 阿兰花样

简单的阿兰花样发带既百搭又方便。
后面部分比较细窄，
显得简洁利落。

设计 / 冈本启子
制作 / fumifumi
制作方法 / p.108
使用线 / Amerry

e 三股辫

将3种颜色、3种针法的织片编成三股辫的发带，
编织的过程也充满乐趣。
因为是组合下针和上针编织，
棒针初学者也不妨尝试一下。

设计 / 冈本启子
制作 / fumifumi
制作方法 / p.107
使用线 / Amerry

f 花片

花片连接的发带透着浓浓的少女气息。
先钩织中心的2种颜色的花片，
再钩长针将花片拼接起来。

设计 / 冈本启子
制作 / fumifumi
制作方法 / p.108
使用线 / Amerry

作品中使用的线材

Lupo
优质的人造皮草线，宛如真实的动物皮毛。
人造丝65%、涤纶35%　全11色
40g / 团，约38m

Exceed Wool L（中粗）
从小物到毛衣均可编织的中粗毛线，穿着舒适，颜色丰富齐全。
羊毛（超细美利奴羊毛）100%
全39色　40g / 团，约80m

Amerry
中粗毛线，手感舒适，具有良好的弹性和保暖性。
羊毛（新西兰美利奴羊毛）70%、腈纶30%　全38色　40g / 团，约110m

贴近生活的编织

我的手作故事

因为热爱编织，所以编织成了日常生活的一部分。
本期我们拜访了两位编织老师的工作室，
她们从每天的生活当中汲取着设计的灵感。

摄影：Mika Kondo (p.34~36), Yukari Shirai (p.37~39)
撰文：Chiyo Takeoka (p.34~36), Sanae Nakata (p.37~39)

ucono

小野优子(Yuko Ono)

棒针和钩针手工编织作家。曾在关水学园学习编织，现在主要为厂商提供样品设计，向手工艺书刊投稿，此外还开展委托销售和讲习会等活动。从2016年开始在名古屋开办了编织教室。

1 去编织教室学习以来使用了20多年的一套棒针。
2 常用的各种工具和文具都分门别类放在有提手的收纳筐里，随手可取。
3 铭牌上除了作者名“ucono”字样，还有钩编的小花，以及用各种毛线扎成的花饰。其中也有作者亲手纺的纱线。

3 工作室入口处也装饰着蕾丝线钩织的花片作品。一看就是小野女士的风格，配色既可爱又雅致。

4 小野女士说她喜欢将编织的作品装在相框里制作成装饰品。真是不错的想法！

5 与同是《编织大花园》常客的Ha-Na老师一起在2016年举办了“两个人的花片编织”作品展，图中就是当时编织的一款作品。

出于对恐龙的喜爱，制作了各种恐龙玩偶，还出版了恐龙作品集。其中，最喜欢的就是剑龙。

自然万物的形态和色彩最为美妙、和谐，仔细观察就会涌现出灵感

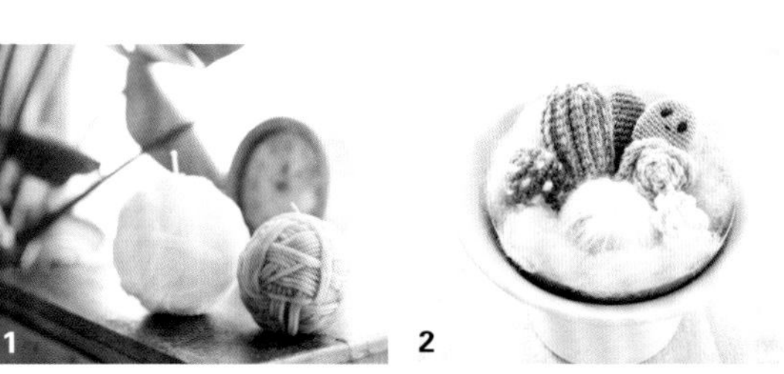

1 独特的毛线球造型的蜡烛是学生送的礼物。听说只要是与毛线有关的东西小野女士都很感兴趣，忍不住就会收集起来。

2 一只小幽灵从编织的仙人掌中探出脑袋，好可爱！也体现了作者童真的一面。下面的陶瓷容器也是手工制作的。

从盆栽植物到小野女士编织的作品，工作室中到处都是绿色。据说是希望大家可以暂时远离日常生活，放松地享受编织的乐趣。

小木箱里摆放着可以在讲习会中编织的作品。学员们可以从众多作品中进行选择。

坚持创作带来的一个个机缘

爱知县濑户市是有名的陶瓷之乡，小野优子就出生在那里的一户陶瓷商家里，从小接触手工制作的环境。长大后也曾做过一段时间的上班族，辞掉工作时才意识到自己真正喜欢的还是手作，从此开始沉浸在编织的世界里。说到编织，最早还是从祖母那儿学会的。最初只是一味地编织，后来听了朋友的建议在集市中设摊销售作品，逐渐拓宽了活动范围，辞职3年后在网上创建了主页，也开始了委托销售。这份行动力和热情终于结出了果实，打开了编织事业的大门。

“虽然居住在名古屋，但是我会经常参加东京的作品展，去过各种地方，在这过程中就遇到了一个个机缘。”进而在2016年创立了自己的工作室，开始经营编织教室。2017年作为NHK“精彩手作”栏目的讲师还被邀请上了电视。

“努力10年后我终于出版了第一本书。在这期间也曾焦虑过，但是想要创作的热情从未消失。无论境况好坏，还好没有放弃。”

小野女士告诉我们，即使有什么烦恼的事情，只要看看大自然，听听音乐，吃吃美食，就会涌现出灵感。对每件事都全力以赴的小野女士一定会迎来下一份机缘，对此我们满怀期待。

一边在电脑上看电视剧一边编织的小野女士。与其一直盯着手上的动作，不如偶尔抬眼看看屏幕，据说还能缓解眼睛的疲劳。

为了使委托销售的作品在生活中更加实用，有时会适当减少作品中的手工成分。

无论是小物件、服饰，还是恐龙，都很喜欢。一直创作着自己喜欢的、想要编织的作品

1 刊登在日文版《编织大花园》第18期中的连接花片披肩也会经常拿来搭配衣服。

2 编织好的衣物大多不会收起来，而是自己穿着。这款用段染线编织的开襟短上衣是以ucono的名字第一次挑战的毛衣，现在还会经常穿。

已经出版的著作。书中精选的作品既漂亮又很容易编织。

3 工作室里的家具大部分是从老家搬来的旧家具。沙发套和靠垫套都是亲手缝制的。

4 空调的通风管上缠绕着用粗线编织的小叶子装饰链和花色线的毛线球，起到遮挡作用的同时，充满了生活气息。

5 花瓶的外罩也是用毛线编织的。结合花瓶的圆形，从底部开始一圈一圈地编织，然后把整个花瓶包起来。

Yuko's Topic

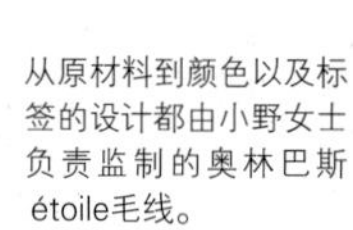

参加"精彩手作"栏目的拍摄

2017年4月，小野女士受邀参加了NHK"精彩手作"栏目，介绍了钩针编织的小叶子装饰链。她表示："在各位工作人员和嘉宾的支持下，拍摄非常愉快。但是因为第一次录像，真是太紧张了。"

从原材料到颜色以及标签的设计都由小野女士负责监制的奥林巴斯étoile毛线。

既是家又是工作室的“CORNER”，改造前是一家面包房。也可以出租用作开展活动的场地。

knit & handmade story 2

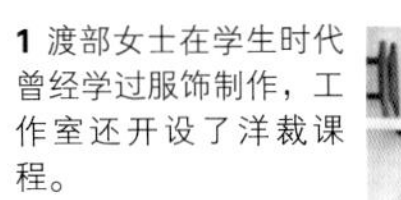

1 渡部女士在学生时代曾经学过服饰制作，工作室还开设了洋裁课程。
2 和她一起生活的还有3只小猫，分别叫“酱”“玲”“香”。萌萌的，超治愈。
3 听说为了做出包包的立体轮廓，当初是从钩针开始学习编织的。
4 正在编织的新作所使用的蒙古羊绒毛线。

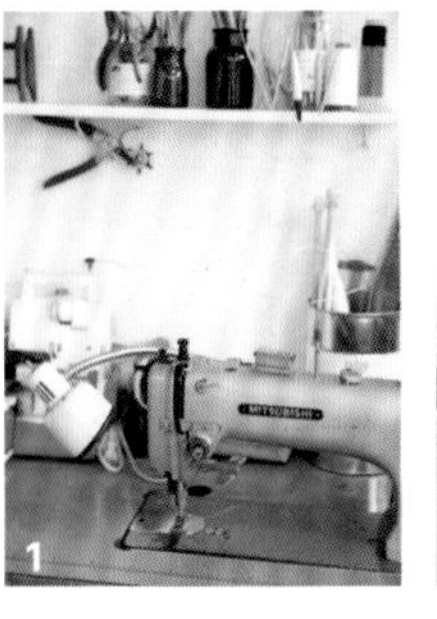

1

2

3

4

short finger
渡部真美
(Mami Watanabe)

曾就职于服装公司，担任过服饰专业学校的讲师，后来自立门户。2008年创立了原创品牌“short finger”，除了作品的制作，还向企业提供设计，举办展示会等活动。

渐变色手提包是我的品牌出发点

渡部女士常用的渐变色手提包，可以说是品牌代表性的一款作品。细腻的浓淡变化是通过合股线中颜色的微调实现的。

制作帽子和围脖后，也逐渐开始了棒针编织。听说也有很多人喜欢佩戴亲子帽或情侣帽。

1 作品也可以定制。工作室里准备了毛线样品和推荐配色可供参考。
2 渐变色手提包中使用的线材。组合使用棉线和拉菲草线eco-ANDARIA等不同材质的线材，使织物纹理更富于变化。

"棒针编织的帽子如果加减针稍有变化，佩戴的效果就会不同，所以要反复试编。"

创作灵感来源于生活

渡部真美的家也是工作室，位于海边小镇叶山的一个住宅区里。她的原创品牌"short finger"的编织作品就是从这里诞生的。

她的创作理念是编织每天都爱用的物品，其中最具代表性的就是手提包。"我的很多作品都是使用不同颜色和材质的线合股编织的。不仅配色方案千变万化，而且非常结实。"

渡部女士曾在服装公司伊都锦（Itokin）担任编织设计师的工作。在设计编织类商品的过程中，逐渐对毛线的缺点以及编织品是否方便实用了如指掌。正是因为这段工作经历，她对自己品牌的作品特别讲究细节，比如使用里袋和皮革等让作品更加结实耐用。

自创建品牌至今已经是第14个年头了。虽然现在的作品以简约自然的设计为主，其实结婚前的渡部女士非常时尚，总是穿一身黑色的服装。结婚后，她辞掉了工作，离开大城市刚搬到这里时，就感觉以前的服装和这里的环境格格不入。"归根到底，贴近自己日常生活的服饰才是最舒适的。"

什么样的作品可以让自己的生活变得丰富多彩？为了寻找答案，渡部女士一如既往地坚持着创作。

1 用棉线编织的SANGO口金包。链子两端是挂扣，可以拆卸。细密的褶皱纹理令人印象深刻。
2 携带称心的包包出门，心情也会变得非常愉快。以米白色为基调设计的棉线钩编手拿包也可以搭配靓丽时尚的装束。
3 春夏用的发带是最近的人气单品。海蓝色给人凉爽的感觉。

用素雅别致的手编小物提升日常服饰的时尚感

short finger从秋季开始推送的某羊绒针织品牌的新款毛衣与手编的毛线帽、围脖的一组搭配。

工作室朝向街道的一角用于作品展示。附近的邻居也会顺便进来看看。

记录作品的手账已经写到第6本

这是创立品牌后记录作品制作过程的手账。使用的线材的标签也剪贴在上面，需要定制时只要看一下标签就能一目了然。此外，还记录了许多反复摸索尝试的过程。俨然就是“short finger”的发展史啊。

1 用作陈列柜的是涂成白色的红酒木箱。里面存放着制作作品时要用的线材。
2 因为工作室的地面是水泥地，所以天气较凉时就少不了这样一块连接花片的毯子用来保暖。

连载 *zubora knit with michiyo*

和michiyo一起编织！
懒人编织部

这次是人气连载的最后一课了，
主题是从领口往下编织的斗篷风背心。
编织并缝合前、后2块相同的扇形织片，
再环形编织袖口部分就轻松完成了。
稍微努力一下，试着编织吧！

设计：michiyo　制作：Yuko Iijima　摄影：Ikue Takizawa (本页),
Noriaki Moriya (p.41、封二)　造型：Kana Okuda (Koa Hole)
发型和化妆：Yuriko Yamazaki　模特：Misaki Lauren

最后一课

麻花背心

从领口往下一边加针一边编织扇形身片，领窝和袖窿都无须减针。编织2块相同的织片后缝合侧边，再环形编织袖口就完成了！
作为设计亮点的大麻花其实是3针与2针的交叉组合的花样，编织起来非常简单。

michiyo

曾经做过服装和编织类的设计，从1998年开始成为编织作家。曾出版过《手编婴儿鞋》等多部著作。

※ 本书编织图中表示长度的数字未注明单位的均以厘米（cm）为单位。

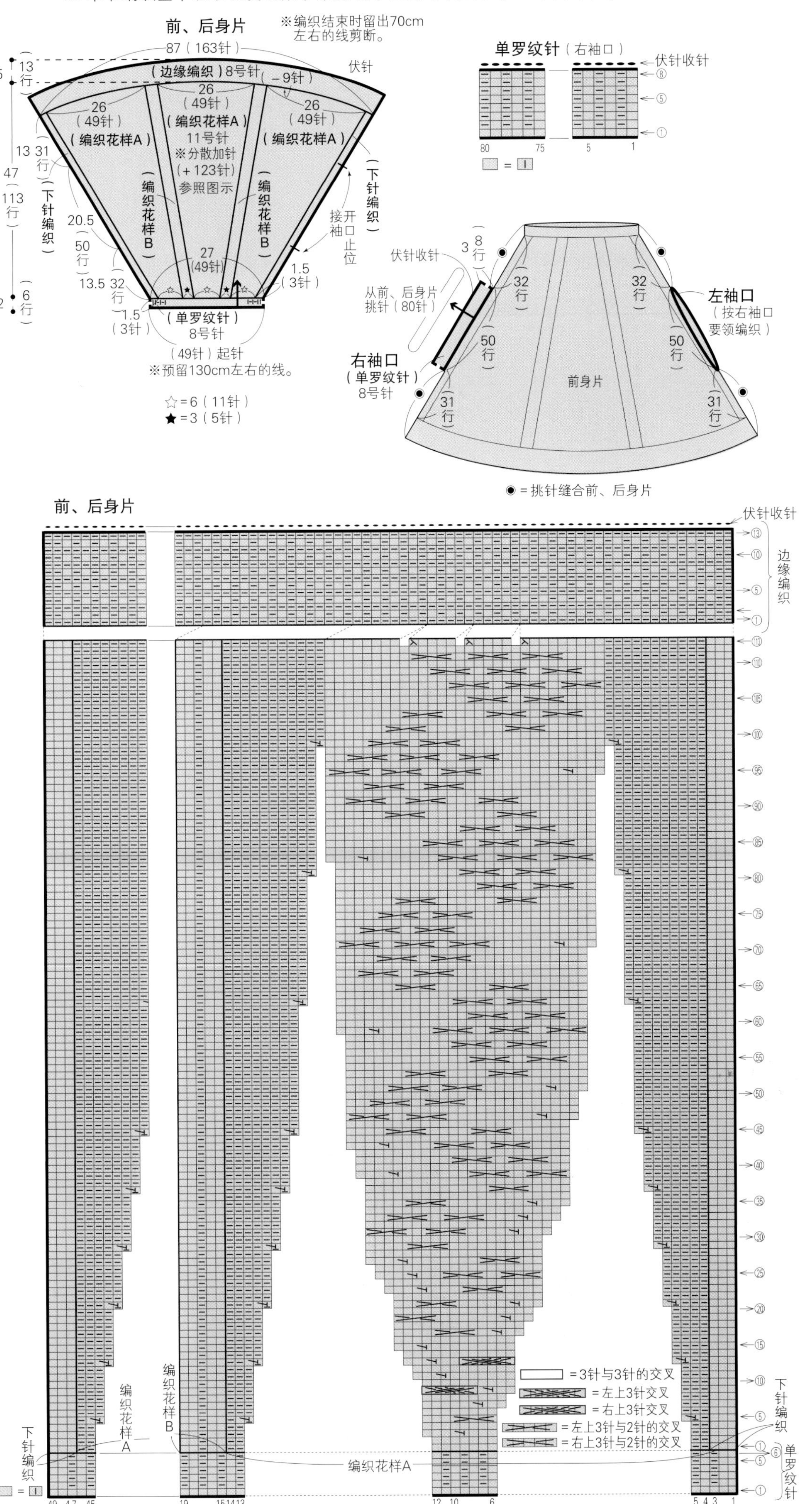

zubora knit with michiyo

麻花背心的编织方法

材料与工具

Keito Brooklyn Tweed Shelter 蓝灰色（17）340g（7桄）

棒针8号（40cm环形针）、11号（60cm环形针）

成品尺寸

下摆围174cm，衣长54cm

编织密度

10cm×10cm面积内：编织花样A 19针，24行；下针编织、编织花样B 18针，24行

制作要点

●前、后身片用手指挂线起针法起49针，编织6行单罗纹针。接着参照图示，按下针编织、编织花样A和B编织113行。编织花样A做分散加针，并在最后一行减针。然后编织13行的下摆边缘，最后织与第12行相同的针目做伏针收针。

●将前、后身片正面朝外对齐，挑针缝合侧边的●部分。

●袖口从侧边挑针后编织8行单罗纹针，结束时织与前一行相同的针目做伏针收针。

※编织要点见封二

michiyo's select

下面的颜色也不错

姜黄色（12）…秋意十足的姜黄色可以作为服饰穿搭中的对比色。

栗色（28）…不受流行色影响、容易搭配的栗色也是不错的选择。

杉山朋的花样俱乐部 Vol.1

本次的主题是

钩针编织的麻花花样

钩针编织的麻花花样是通过拉针的交叉实现的。需要注意的是编织图解的看法。图解表示的是从正面看到的织物状态，所以从反面编织“正拉针”时，实际上编织的是“反拉针”（从正面看的效果就是“正拉针”）。不要想得太复杂，只要注意钩针的入针方式，想一想针目要呈现在哪一侧，就不会弄错了。

编织作家杉山朋
将为大家介绍用钩针编织的各种阿兰花样。
麻花花样在大家的印象里往往是棒针编织的，
其实钩针编织的效果也非常漂亮！
赶紧试试看吧！

摄影：Yukari Shirai　造型：Megumi Nishimori　撰文：Chiyo Takeoka

A

钩织右上交叉或左上交叉完成的简单的麻花花样。详见p.43的编织要点讲解。

B

不同大小的麻花花样的组合。留出一点间隔与细窄的麻花花样排列在一起也非常可爱。
图解请参照p.100

C

在短针基础上加入了麻花花样。只在正面编织的行设计了麻花花样的交叉针，所以编织起来比较简单。
图解请参照p.101

D

由较小的麻花花样排列组成。因为有镂空的效果，所以编织成包包时最好使用细线钩织，或者增加一个里袋。
图解请参照p.72

E

这是稍大的麻花花样。注意要弄清是右上交叉还是左上交叉。
图解请参照p.101

F

集合了各种麻花花样。在花样之间加入了2针锁针，使花样显得井然有序。
图解请参照p.91

杉山朋

主要工作是为手工艺杂志和厂商提供设计。著作有《配色编织小物》《值得珍惜的手编小物》和《每日的手编小物》（日本宝库社出版）。

Point Lesson

※为了便于理解，图中使用了不同颜色的线。

A 试试编织样片A吧！

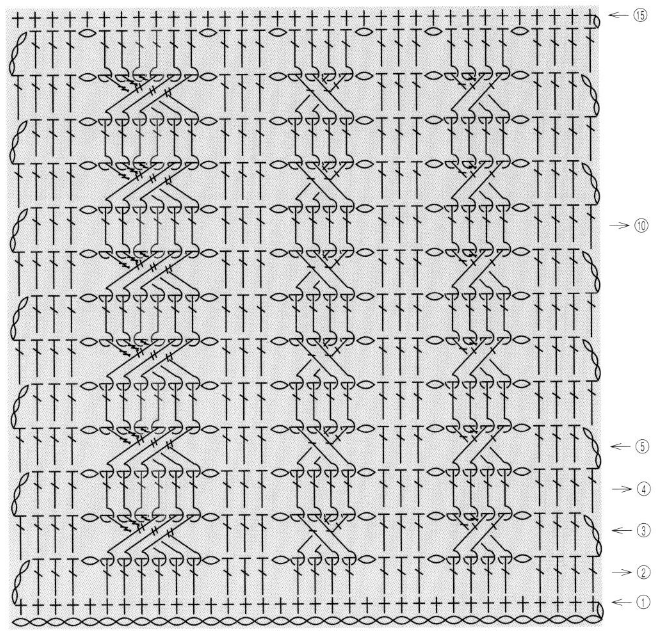

拉针分为正拉针和反拉针，区别在于从织物的正面还是反面插入钩针（拉针的编织方法请参照p.67）。这里让我们通过样片A来学习编织拉针的交叉花样吧。掌握了样片A的编织方法后，也就能灵活应用于其他的织片。

长针的正拉针的左上2针交叉

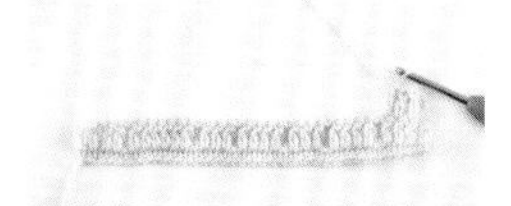

1 按图解钩织至第3行的左上2针交叉位置前。

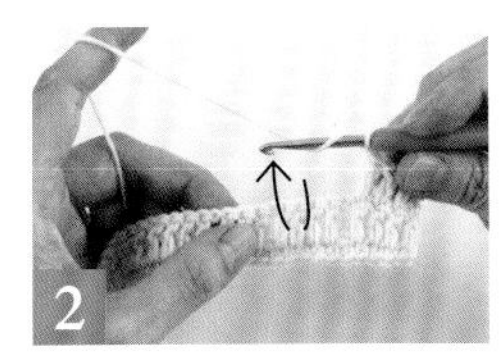

2 如箭头所示，跳过前一行的2针长针，在第3针里插入钩针。

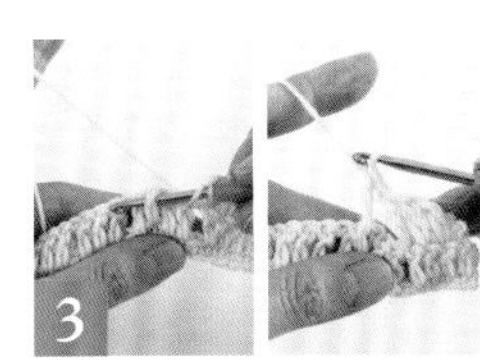

3 钩长针的正拉针（可以拉得稍微长一点）。

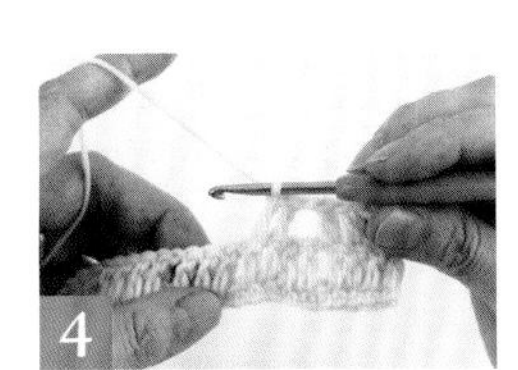

4 在前一行的第4针长针里插入钩针，再钩1针长针的正拉针。

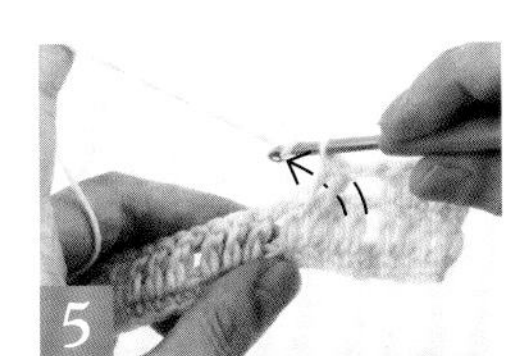

5 从步骤3和4完成的正拉针的后面将钩针插入前一行的第1针长针，钩长针的正拉针。

6 在步骤3和4完成的正拉针的后面钩了1针长针的正拉针。

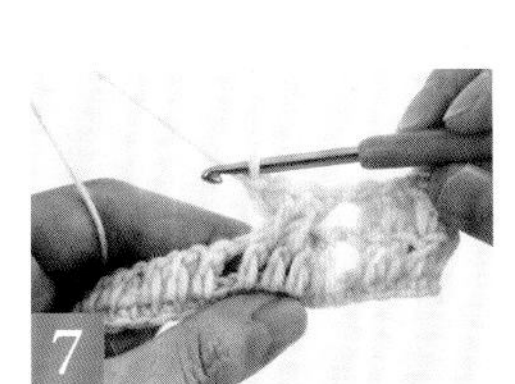

7 按相同要领，在前一行的第2针长针里插入钩针，再钩1针长针的正拉针。

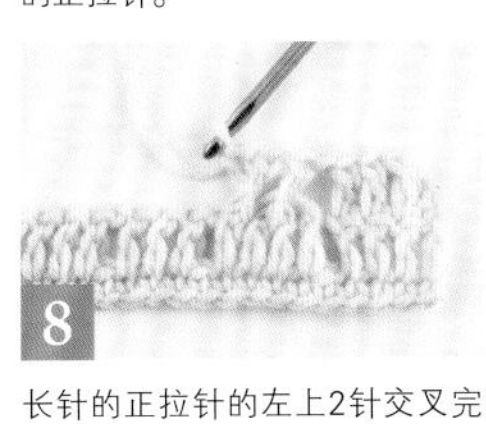

8 长针的正拉针的左上2针交叉完成。

长针的正拉针的右上2针交叉

9 按图解钩织至第3行的右上2针交叉位置前，跳过前一行的2针长针，分别在第3针和第4针里钩长针的正拉针。

10 钩完2针长针的正拉针后的状态。

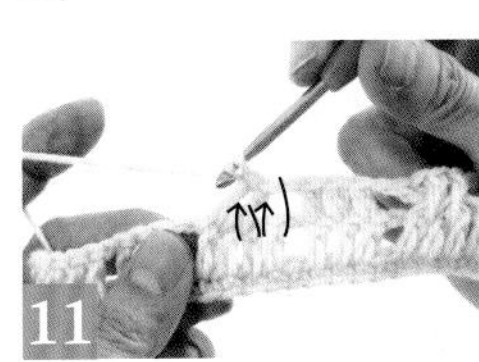

11 从步骤9和10完成的正拉针的前面将钩针插入前一行的第1针和第2针长针里，分别钩长针的正拉针。

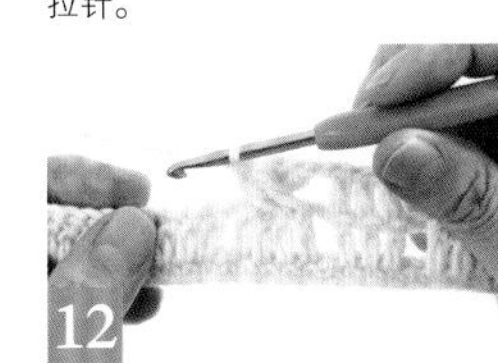

12 长针的正拉针的右上2针交叉完成。

长长针的正拉针的左上3针交叉

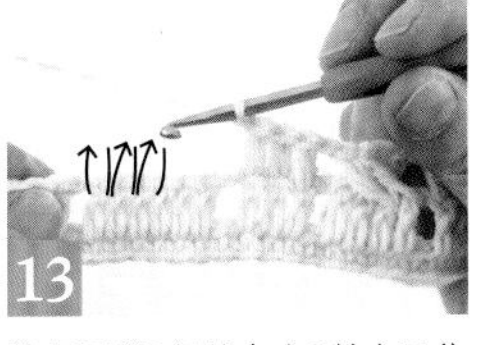

13 钩织至第3行的左上3针交叉位置前，跳过前一行的3针长针，分别在第4、5、6针里钩长长针的正拉针（可以拉得稍长一点）。

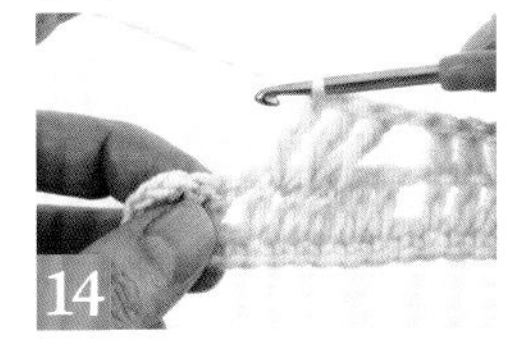

14 钩完3针长长针的正拉针后的状态。

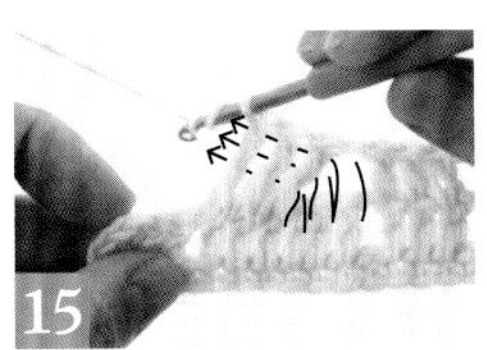

15 从步骤13完成的针目后面将钩针插入前一行的第1、2、3针长针里，分别钩长长针的正拉针。

16 长长针的正拉针的左上3针交叉完成。

17 钩织至第3行末端的状态。

长针的正拉针（从反面钩织）

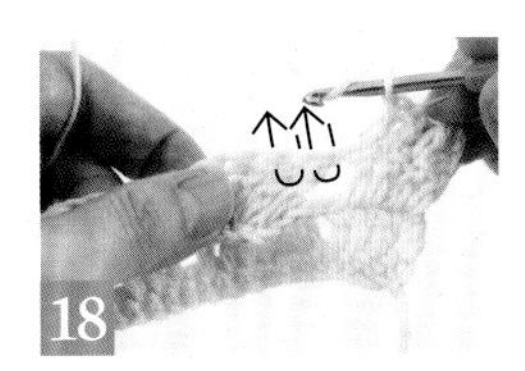

18 按图解钩织至第4行第1个拉针位置前，按反拉针的要领钩2针长针。

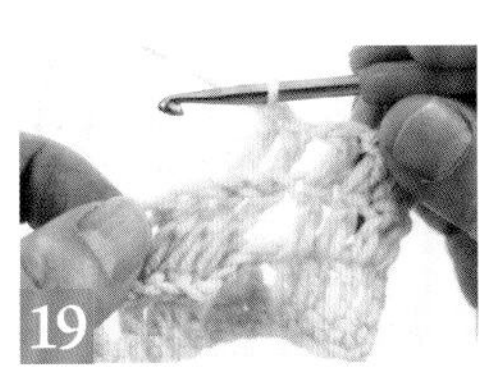

19 第4行是看着织物的反面钩织，2针反拉针（从正面看是2针正拉针）完成。

长针的反拉针（从反面钩织）

20 下一针按正拉针的要领钩织（从正面看是反拉针）。

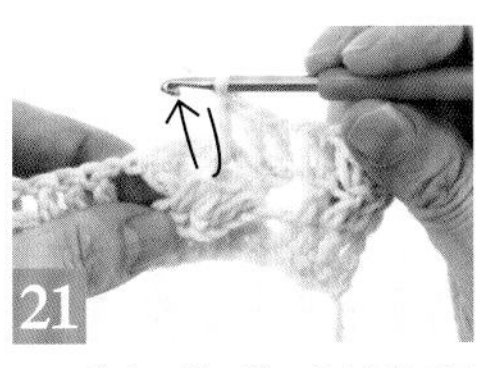

21 下一针也一样，按正拉针的要领钩织。

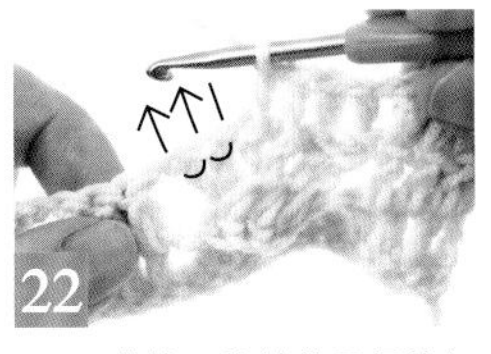

22 下面2针按反拉针的要领钩织（从正面看是2针正拉针）。

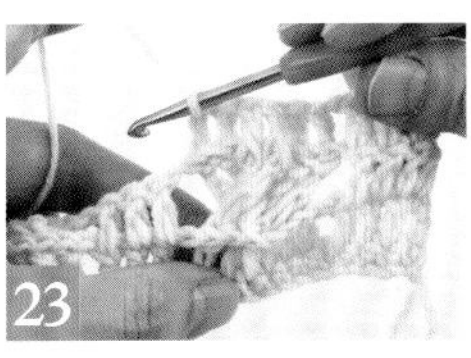

23 由于第4行是看着织物的反面钩织，如图所示，长针的2针反拉针、2针正拉针、2针反拉针（从正面看是2针正拉针、2针反拉针、2针正拉针）完成。

24 钩织至第4行末端的状态（织物的反面）。

25 钩织至第6行的状态（织物的正面）。交叉花样逐渐显现出来。

26 一共钩织15行完成织片。

杉山朋的备忘录

初次看到钩针编织的阿兰花样时有点震惊。在我的印象中，钩针编织的作品比较偏向柔美可爱，没想到还能钩织出如此紧致的花样，真是吃了一惊。比起棒针编织的阿兰花样，钩针编织时无须借助麻花针，更加简单。而且，很多麻花花样也不会太过厚实，可以应用在各种作品中。

本期为大家介绍了几种简单的麻花花样，都是由拉针的交叉针组成。要领是钩织拉针时拉出的线要比平常稍微长一点。这次的花样只在正面编织的行里加入了交叉针，所以交叉部分只需按图解的针法钩织即可。拉针有正拉针和反拉针之分，编织时请注意钩针的入针方式。

应用作品 茶壶套

圆鼓鼓的外形非常饱满，
花样是拉针的交叉针。
短时间内就可以完成，
轻松愉快地挑战吧！

寒冷的冬日
享受温暖的下午茶时光

茶壶套的编织方法

材料与工具

芭贝 Shetland 红色（29）100g

钩针 6/0 号

成品尺寸

周长 48cm，深 18.5cm

编织密度

10cm × 10cm 面积内：编织花样 23.5 针，11 行

制作要点

●主体钩 48 针锁针起针，先钩 1 行短针，在第 2 行加8针。接着，无须加减针按编织花样钩织12 行。参照图示一边分散减针一边钩织 6 行。钩织 2 个相同的织片。

●将 2 个织片正面相对，然后分别对齐第 1 个织片的★、☆、★、☆与第 2 个织片的☆、★、☆、★做引拔接合。在最后一行的针目里穿线后收紧，翻回正面。

●参照图示制作小绒球，缝在主体的顶部。

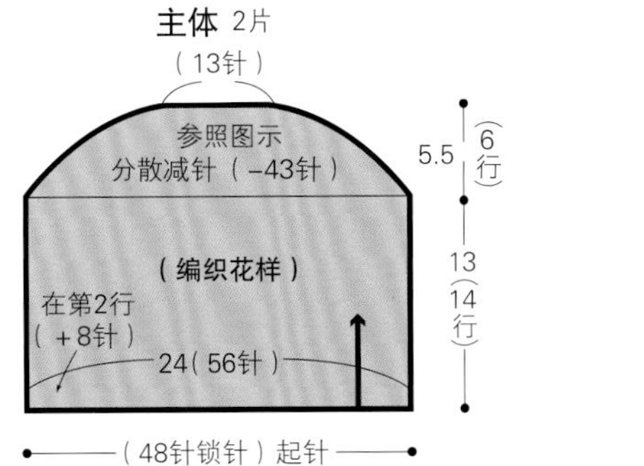

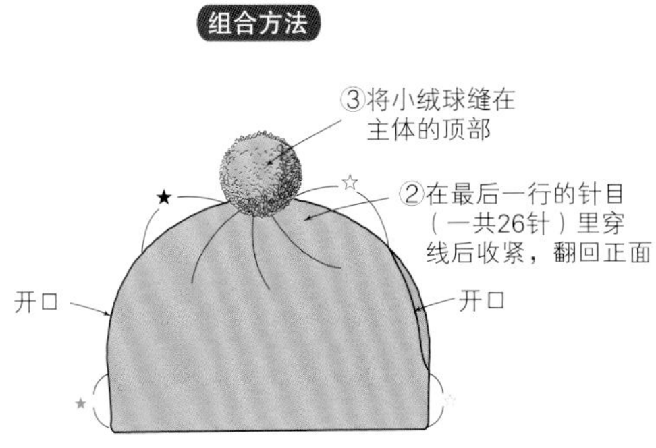

小绒球

1个

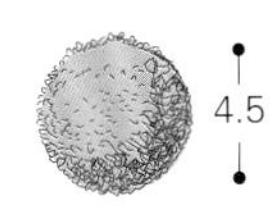

小绒球的制作方法

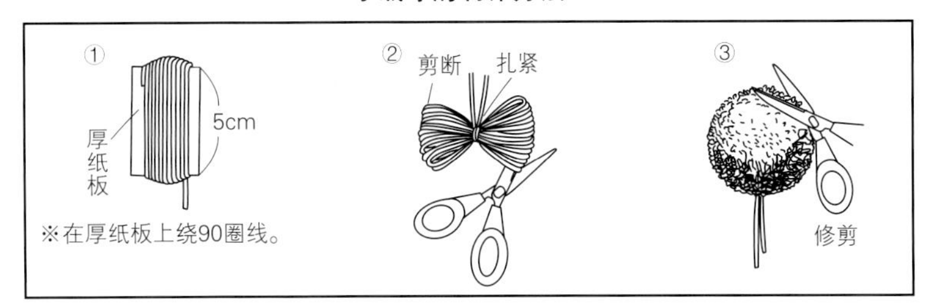

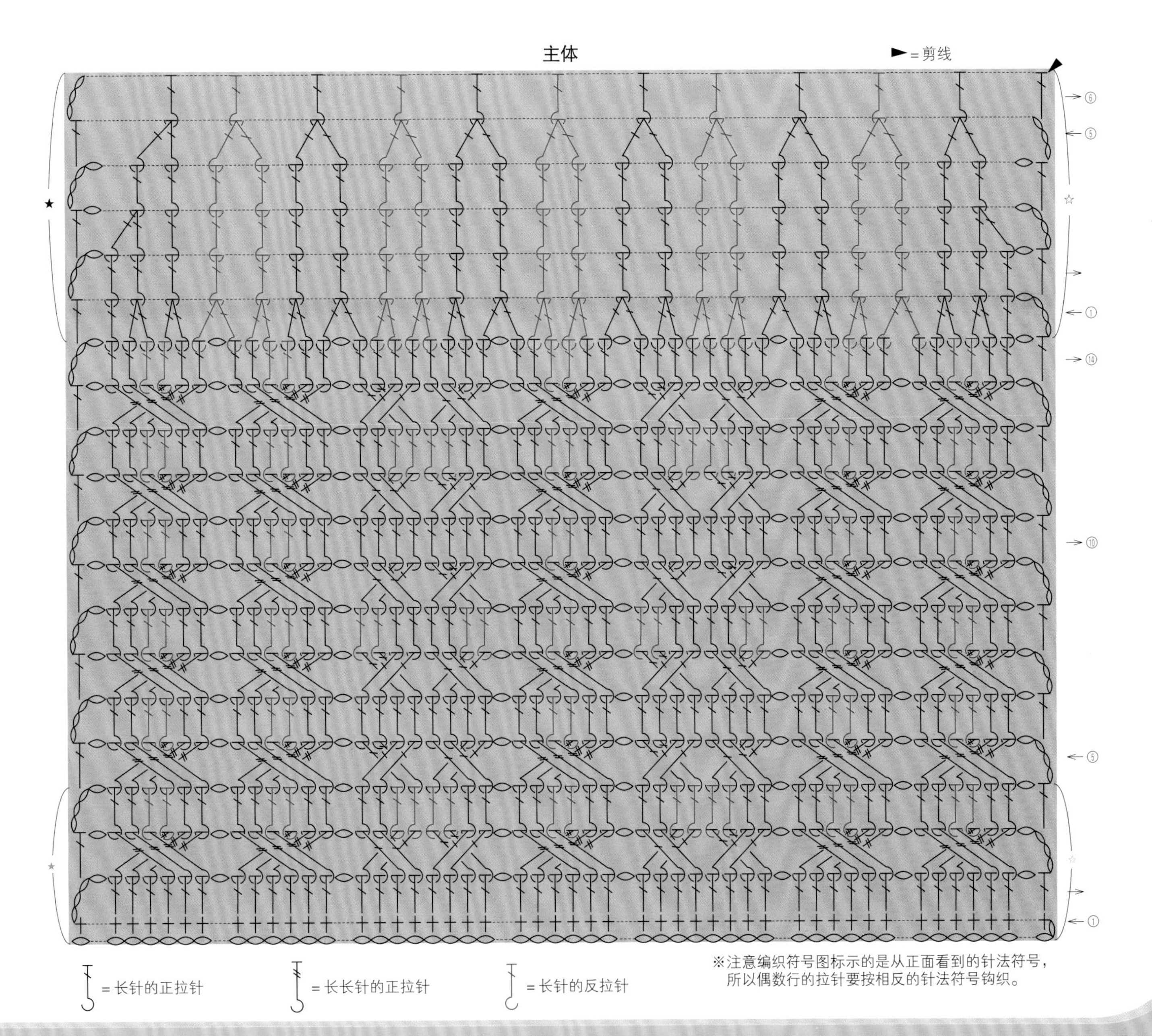

楚坂有希的

四季胸针物语

野蔷薇

山野中绽放的蔷薇楚楚动人。
在微风中轻轻舞动，
仿佛在对着我们微笑。

制作方法 / p.93
使用线 / DMC Coton Perlé 8号线

草原上的绵羊

春天的阳光暖洋洋的，
犯困的绵羊循着野蔷薇的香气，
在草原上散步。

制作方法 / p.94
使用线 / DMC Coton Perlé 8号线、DARUMA Big Ball Mist

希望尽可能表现出植物和动物们自然、真实的状态，由此编织出了这样一个世界。
仿佛截取的一个个故事场景，带我们走进一片优美且暖心的风景。

摄影：Yukari Shirai　造型：Megumi Nishimori　撰文：Miku Koizumi

腾空跃起的海豚

蔚蓝色的天空和大海，
加上大片的白色积雨云。
在浓浓的夏日气氛下，
只见海豚高高地跳出海面。

制作方法 / p.93
使用线 / DMC Coton Perlé 8号线

牵牛花

最大的特点是喇叭状的花。
清晨开放的牵牛花，
总是预示着夏季的到来。

制作方法 / p.95
使用线 / DMC Coton Perlé 8号线

夏

橡子

从小到大，每次捡到橡子总是很开心。
戴着帽子的小果实可爱极了。

制作方法 / p.96
使用线 / DMC Coton Perlé 8号线

黄昏中的小松鼠

嘘！侧耳倾听，你会听到深秋的声音。
一只孤零零的小松鼠站在树枝上，若有所思。

制作方法 / p.94
使用线 / DMC Coton Perlé 8号线、DARUMA Fake Fur

秋

冬

南天竹

在一片寂静、雪白的世界里轻轻摇曳，
红色的小果实显得格外鲜艳。

制作方法 / p.97
使用线 / DMC Coton Perlé 8号线

缩成一团的小狗和小猫

小动物们慵懒舒适地蜷缩在温暖的地方，
静静地等待冬天过去。

制作方法 / p.96（小猫）、p.97（小狗）
使用线 / DMC Coton Perlé 8号线

楚坂有希（Yuki Sosaka）

2008年成立原创品牌“Tralalala.”，主要制作饰品，用细腻的蕾丝钩编表现身边的动、植物。著作有《用刺绣线钩编的花鸟及小猫迷你饰品》（日本文化出版局出版）。

饱览北欧芬兰的手工艺！

赫尔辛基的圣诞集市

一进入12月，芬兰就洋溢着浓郁的圣诞气氛。
首都赫尔辛基的市中心会竖起高大的圣诞树，
这里还将举办大规模的圣诞集市，每个人都满怀期待。
下面就让我们一起去看看集市的热闹场面吧！

摄影和撰文：Sanae Nakata　协助：爱沙尼亚国家旅游局、芬兰国家旅游局、芬兰航空公司

感受手作人的匠心！在充满活力又温馨的集市遇见北欧的手工艺品

芬兰素有“圣诞老人的故乡”之称。在这个国家，每到圣诞节家人就会欢聚一堂。在等待圣诞节到来之前，只见到处都在举行小圣诞派对（芬兰语中叫作“pikkujoulu”），孩子们和亲朋好友无不欢欣雀跃。为了挑选装饰用品以及送给亲戚朋友的礼物，人们都会去圣诞集市，所以这样的集市很热闹，也给人一种质朴和亲切的印象，感觉真是非常棒。有的地方还会举办“艺术家作品集市”，不愧是设计大国啊！随个人喜好和目的到处转一转，也是别有一番乐趣。集市上，毛线和羊毛毡等材料也是琳琅满目。如果现场有幸邂逅那些手工艺匠人，相信你会不由得迷上手作的。不过，圣诞前后的芬兰平均气温是零下4℃。如果在这期间来到芬兰，建议先去交通便利的赫尔辛基市中心逛一逛喜欢的集市。

1 集市上配置了旋转木马，孩子们可以免费游玩。抬头可以看到宏伟的赫尔辛基大教堂，这也是该城市的地标性建筑。2、4 圣诞老人手上戴着的是萨米人的连指手套。集市上就有很多这样的手套。3 议会广场的集市。圣诞树上的彩灯漂亮极了。

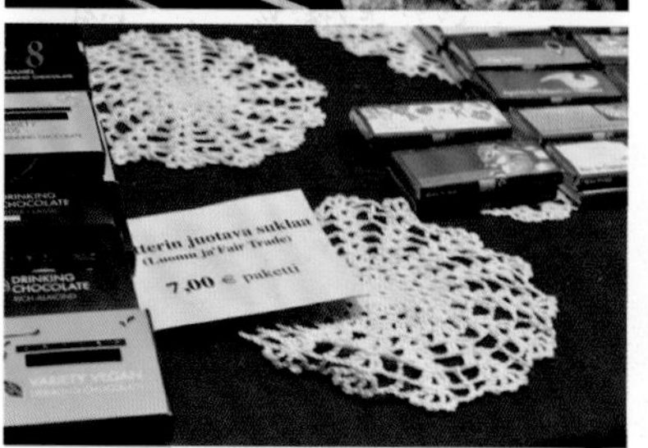

赫尔辛基的圣诞集市
HELSINKI CHRISTMAS MARKET

举办地点是市中心的议会广场，这是赫尔辛基最古老、规模最大的集市。有120多个露天摊位，从手工艺品到应季食材应有尽有。举办时间是12月上旬到22日左右（每年具体时间会有所变动）

地址：议会广场（Senaatintori）

从中央站（Helsingin Rautatieasema）步行10分钟即可抵达

竟然还有驯鹿罐头！

5 用白桦树瘤制作的kuksa木杯。据说收到作为礼物的木杯的人会很幸福。6 姜饼是非常受人欢迎的礼物。7 用100%芬兰羊毛线编织的连指手套。据说是用自己牧场的羊群剪下的羊毛从纺线开始制作完成的。8 摊位上摆放的蕾丝垫也非常精美。9 芬兰的蜡烛消费量居世界第一，蜡烛自然也是圣诞必备品。10 排列整齐的杜松木制品，散发着清香。11 销售精品毛线和皮革的摊位。其中粗纺纱线有70%是自然色，30%是段染色。

摊主都是芬兰设计协会奥勒纳默（Ornamo）的注册会员，这些设计师都拥有可观的作品销售业绩。

摊位数大约有250个。可以与制作者一边聊天一边购买作品。

入口和咨询台在两栋建筑物之间的尽头。

芬兰设计协会圣诞集市

ORNAMO DESIGN CHRISTMAS MARKET

KAAPELI是由废旧电缆工厂改建而成的艺术中心，圣诞集市就在这里举办。摊主主要是国内的艺术家和设计师。有很多精彩的设计，非常值得一看。举办时间是独立纪念日前后的周末3天时间，每年的举办日期不同，具体时间请通过网页确认。

地址：KAAPELI艺术中心（Cable Factory/Kaapelitehdas）

从中央站（Helsingin Rautatieasema）乘坐8号电车约15分钟即可抵达（在Länsisatamankatu站下车）

我一直以Juni Art的名字进行创作。——Julia

1 尼龙混纺的AINO VAN段染线。真想用来编织儿童衣物！ 2 DECORANDO品牌的毛毡球产品，含100%羊毛。最早是2位女性设计师开发的产品。3 Julia Martiskainen的刺绣作品，上面都是斯堪的纳维亚的传统图案。手作的质感和可爱的设计让作品脱颖而出。4 design LINTUNEN的maarit设计师手工编织的粗线手提包和配饰。5 纺织品设计师Anna Vasko用天然染料染制的100%芬兰羊毛线。这是Aurinkokehrä品牌线的摊位。6 在木工产品摊位，摊主还会对材质等进行说明。7 可爱的咖啡角，与卖场的拥挤场面截然不同的两个世界。

信步闲逛！

赫尔辛基的人气店铺

手工艺品杂货店

Taito Shop Helsky

这是一家精品店铺，销售芬兰艺术家的手工艺品和日用杂货、原材料等。位于议会广场附近。

地址：Eteläesplanadi 4, 赫尔辛基

毛线店

Menita

这家毛线店位于设计博物馆附近。品种丰富，还有各种很受欢迎的粗线。

地址：Korkeavuorenkatu 20, 赫尔辛基

集市广场

MARKET SQUARE

位于议会广场的南面，面朝港口。平常出售当地食材和旅游纪念品的那些露天摊位一到12月就会全部改售圣诞物品。从议会广场步行到此只需3分钟左右，可以一并参观。摊位数量因季节等会有所变化。

地址：Eteläranta 赫尔辛基

从中央站（Helsingin Rautatieasema）步行8分钟即可抵达

1 芬兰的圣诞精灵，被称为“Tonttu”的瓷器人偶。2 散装零售的蔓越莓和干蘑菇。3 毛毡球装饰品和圣诞卡片等。4 目光狡黠的羊驼也戴上了圣诞帽。5 集市广场位于南港口（Etelasatama）的前面。6 露天搭起的帐篷用彩灯进行装饰，摊位上也有不少针织品。

用1、2、3团线即可完成 送给家人的 编织小物

从小宝贝到老奶奶，想为全家人编织。
不妨就编织一些小物件吧！
无论什么时候，
手编的礼物总会让大家开心快乐。

摄影：Ikue Takizawa 造型：Kana Okuda (Koa Hole) 发型和化妆：Yuriko Yamazaki
模特：Misaki Lauren, Seira Summerhays 撰文：Miku Koizumi

小猫帽和小老鼠连指手套

这款儿童帽戴上后就会出现可爱的猫耳。
只需要编织四方形织片，然后缝合，再绣上脸部表情。
编织方法非常简单，初学者也能轻松挑战。
小老鼠形象的连指手套就像小玩偶，
还可以戴在手上玩耍，小朋友一定会爱不释手。

设计 / Ayumi Kinoshita
制作方法 / p.98
使用线 / 和麻纳卡 Amerry（帽子：1团，连指手套：1团）

for kids

三角形披肩

镂空花样的三角形披肩非常适合自然清新的风格。
每2行换色编织的条纹设计，营造了冬日的海军风效果。
如果单色编织，推荐使用沙米色，
与亚麻连衣裙和牛仔风都比较容易搭配。

设计 / Mika*Yuka
制作方法 / p.99
使用线 / 芭贝 British Fine（3团）

保暖袖套

为了使反面的渡线更加整齐，
用2根棒针往返编织细致的配色花样，
最后再缝合成圆筒状。

设计 / Mika*Yuka
制作方法 / p.100
使用线 / Okadaya Daily系列 中粗美利奴羊毛（3团）

保暖袜套

这款设计别致的保暖袜套翻折后可以套在靴子外面。
无论是短靴，还是长靴，搭配起来都很合适。
雅致的颜色还有收紧和修饰腿形的效果。

设计 / Mika*Yuka
制作方法 / p.102
使用线 / Okadaya Daily系列 中粗美利奴羊毛（2团）

礼帽

使用偏素雅的粗花呢线编织的礼帽
适合各年龄层佩戴。
因为编织时加入了定型条，
所以不必担心变形的问题。

设计／越膳夕香
制作方法／p.101
使用线／和麻纳卡 Aran Tweed（3团）

双色围脖

米色调的桂花针加上与呢绒外套很配的茶色罗纹针，
外出时佩戴这款围脖再合适不过了。
上下调过来佩戴又是另外一种效果，
作为礼物送人也是不二选择。

设计／越膳夕香
制作方法／p.102
使用线／芭贝 Soft Donegal（2团）

手织领带

搭配普通的衬衫，
既不会太休闲，也不会太刻板。
穿搭更为自由，别有一番味道。

设计／越膳夕香
制作方法／p.103
使用线／DARUMA Pom Pom Wool（2团）、
Merino极粗（2团）

毛线短裤

毛线短裤的保暖效果非常棒，
是连大人都想拥有的实用款，
为此设计了宝贝款和妈妈款两个尺码。
妈妈可以穿在里面作为打底裤，
宝贝可以搭配紧身裤直接穿在外面。

设计 / Mika*Yuka
制作方法 / p.105
使用线 / 芭贝 Queen Anny
（宝贝款和妈妈款均为3团）

亲子袜

大小不同的袜子煞是可爱，设计非常简单。
选择喜欢的颜色，为全家人编织一套亲子袜吧！

设计 / Mika*Yuka
制作方法 / p.104
使用线 / 和麻纳卡 Wanpaku Denis（S号：2团，M、L号：各3团）

使用盘编器制作

wool letter 的可爱小饰物

wool letter是将内含铁丝的编绳弯曲成各种各样的形状。
除了文字以外，还可以表现出动物和花草等图案。
不妨灵活运用，结合文字制作成门牌和迎宾牌等。

设计：Mari Kumada 摄影：Ikue Takizawa (p.56~58), Yukari Shirai (p.59) 造型：Kana Okuda (Koa Hole) 撰文：Miku Koizumi

鲤鱼旗

凉爽的季节最适合制作鲤鱼旗了。
挂在窗边，好似在空中游来游去，很漂亮。

制作方法 / p.110
使用线 / 和麻纳卡 Piccolo

小靴子

这款挂饰可以装饰在家具上。
最后粘上小毛球，巧妙地盖住接合位置。

制作方法 / p.110
使用线 / 和麻纳卡 Piccolo

亲子蝙蝠

蝙蝠父子（或母子）一前一后飞行着。眼睛和嘴巴等细节部位使用了珠子和铁丝。

制作方法 / p.110
使用线 / 和麻纳卡 Piccolo

节庆小饰物

用一些季节感很强的装饰小物装点我们的生活吧！
wool letter的制作要领就像一笔写字一样，
沿着纸型弯曲编绳，再用黏合剂粘贴固定。

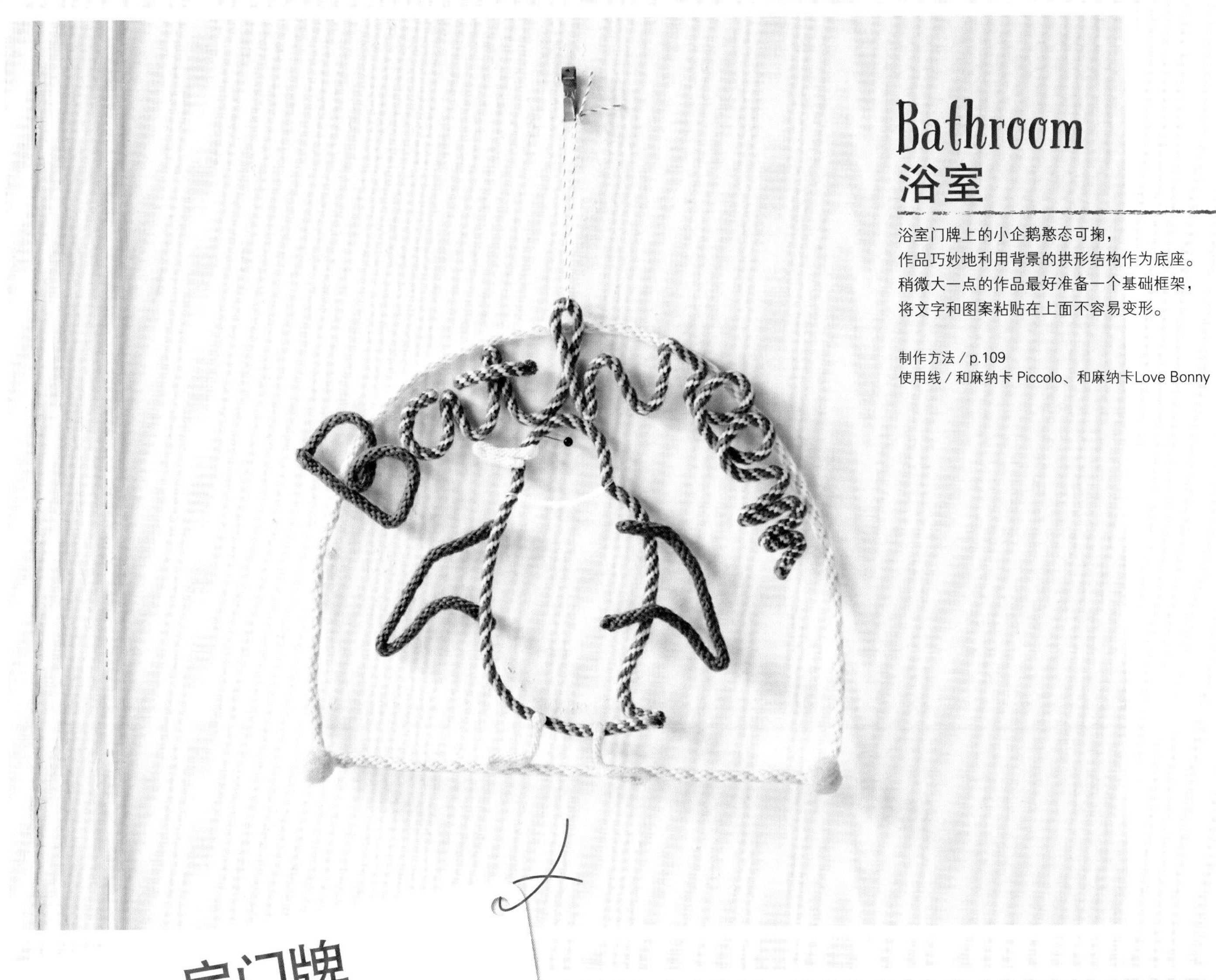

Bathroom
浴室

浴室门牌上的小企鹅憨态可掬，
作品巧妙地利用背景的拱形结构作为底座。
稍微大一点的作品最好准备一个基础框架，
将文字和图案粘贴在上面不容易变形。

制作方法 / p.109
使用线 / 和麻纳卡 Piccolo、和麻纳卡Love Bonny

房门牌

wool letter作品的独特之处在于可以添加文字，
在可爱的企鹅和青蛙图案的基础框架上标明房间的用途。
还可以灵活运用，比如制作儿童房的姓名牌等。

Toilet
洗手间

洗手间门牌在青蛙的图案轮
廓上添加了五颜六色的字母。
青蛙的眼睛使用了带脚的白
色纽扣。

制作方法 / p.111
使用线 / 和麻纳卡 Piccolo

家居小物

用wool letter制作日常的便利小物。
彩色的磁性冰箱贴可以将冰箱装点得非常可爱。
在小相框里放入照片、可爱的布片，
或者画上插图等，各种玩法都非常有趣！

水果冰箱贴

有效利用铁丝的可塑性，
表现出水果的立体造型。
叶子和蒂部使用不织布等
材料制作。

制作方法 / p.111
使用线 / 和麻纳卡 Piccolo

小花迷你相框

分别制作花朵、叶子和花茎，最后粘贴在一起。
写上想说的话，
和礼物放在一起送人也很棒吧！

制作方法 / p.111
使用线 / 和麻纳卡 Piccolo

Mari Kumada
手工艺作家、插画师。善于用纸张、布料和黏土等身边的材料进行创作，并在杂志和图书上发表作品。亲民的设计风格和幽默的动物等图案深受广大读者的喜爱。与他人合著有《用盘编器制作的wool letter家居小物》（日本文化出版局出版）。

一起制作小靴子吧！

材料

	使用线（和麻纳卡 Piccolo）	铁丝（直径0.7mm）
靴子	红色（6）、白色（1）140cm×各2根	31cm
小装饰	淡蓝色（12）60cm×4根	11cm

其他材料／直径2cm的小毛球（白色）1个

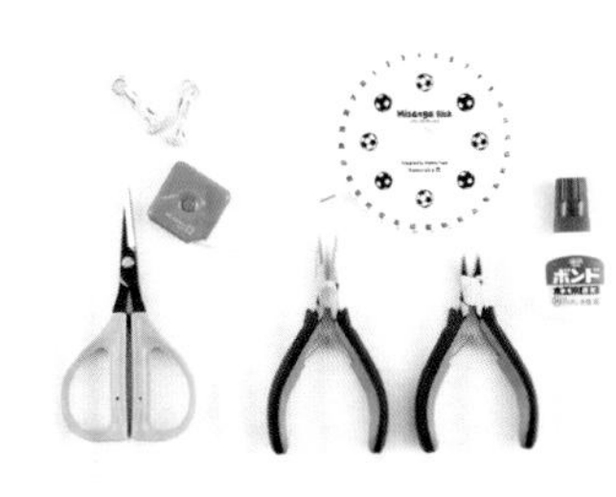

工具
- 盘编器
- 剪钳
- 圆嘴钳
- 木工用胶水
- 卷尺
- 剪刀
- 晾晒夹

1 将铁丝的一端折弯5mm。

2 在毛线（140cm×4根）的中心用其他毛线（指定材料外）打结扎好。

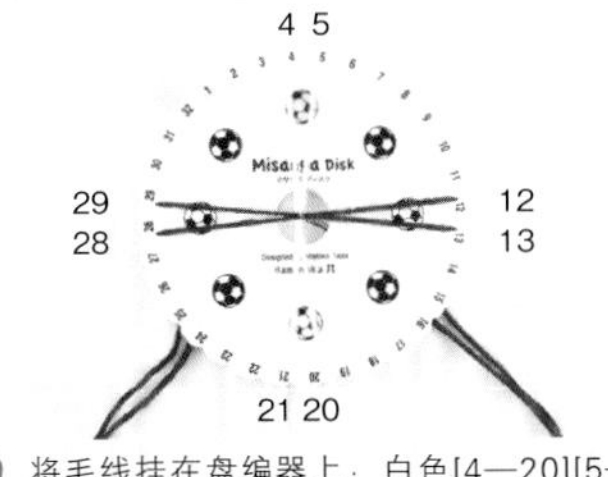

3 将毛线挂在盘编器上：白色[4—20][5—21]、红色[12—28][13—29]。

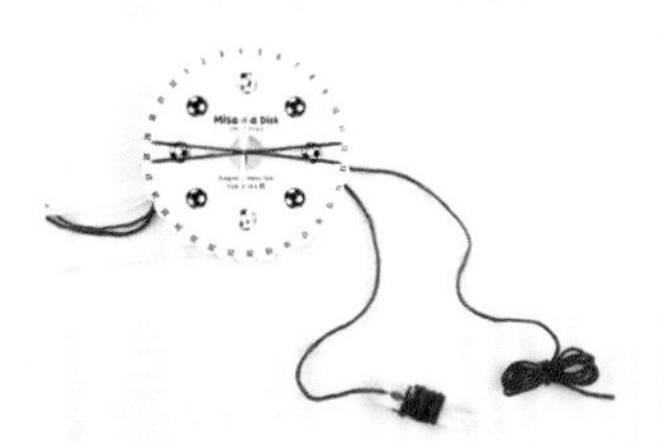

4 毛线较长时容易在编织过程中缠在一起，所以在这个阶段先将毛线分别卷成一团整理好。

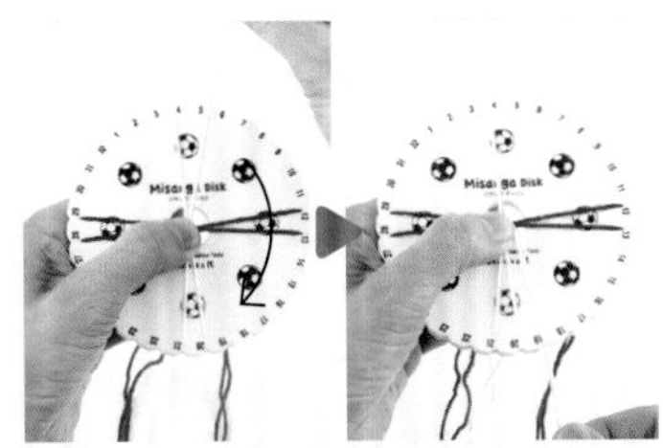

5 左手拿着盘编器，将右上[5]的白色线移至右下[19]。

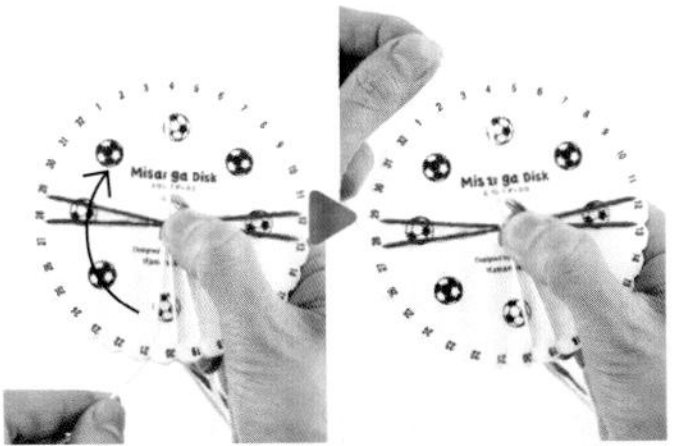

6 换右手拿着盘编器，将左下[21]的白色线移至左上[3]。

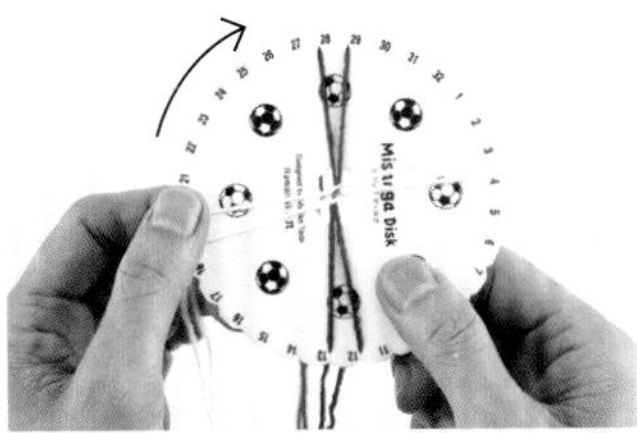

7 向右旋转90度，使红色线呈纵向状态。

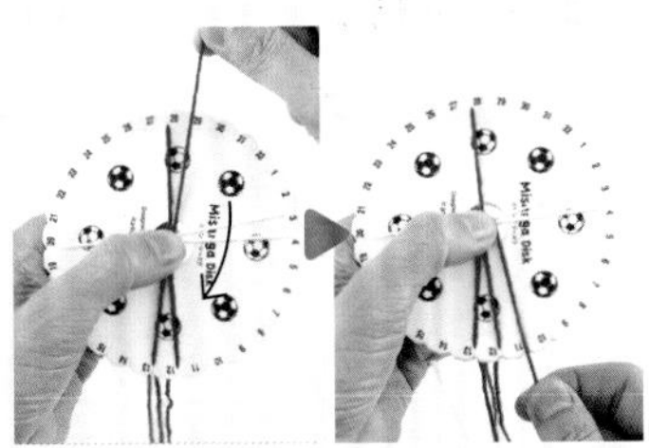

8 左手拿着盘编器，将右上[29]的红色线移至右下[11]。

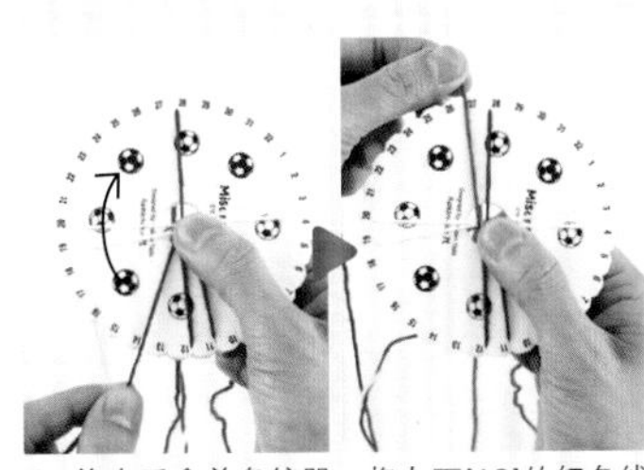

9 换右手拿着盘编器，将左下[13]的红色线移至左上[27]。

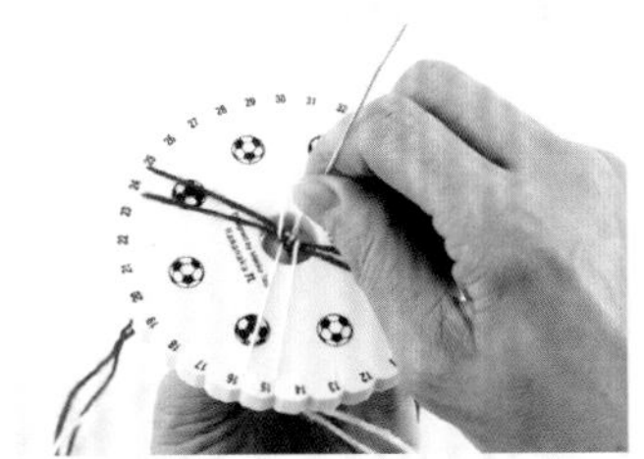

10 重复步骤5~9，在盘编器的中心就会逐渐编成绳子。编织1cm左右的长度后，将刚才一端折弯的铁丝用力插进绳子中心。

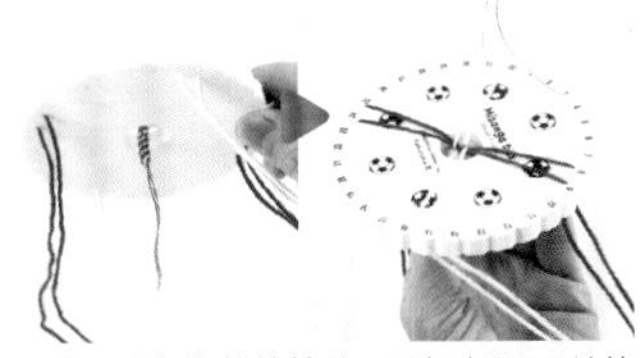

11 在下方轻轻扶着铁丝，重复步骤5~9继续编织。

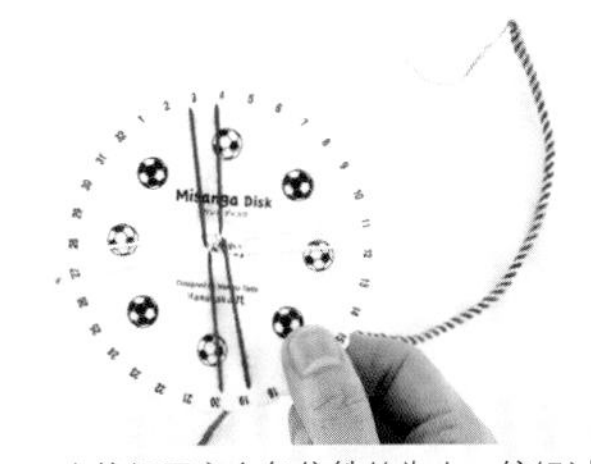

12 一直编织至完全包住铁丝为止。编织过程中，用手捋一下编好的绳子，收缩的地方就会展开，形成漂亮的条纹花样。

13 在中心位置涂上木工用胶水，然后将横向的白色线打结。

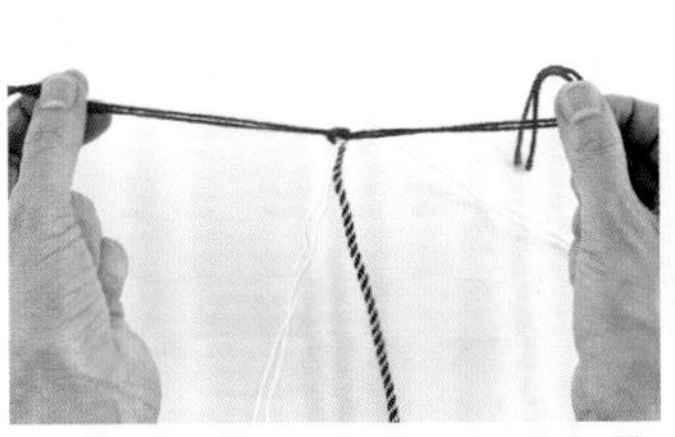

14 取下盘编器，再次在中心涂上胶水后将红色线打结。

15 等胶水晾干后，紧贴着线结剪掉多余的毛线。

16 至此，1根内含铁丝的编绳就完成了。

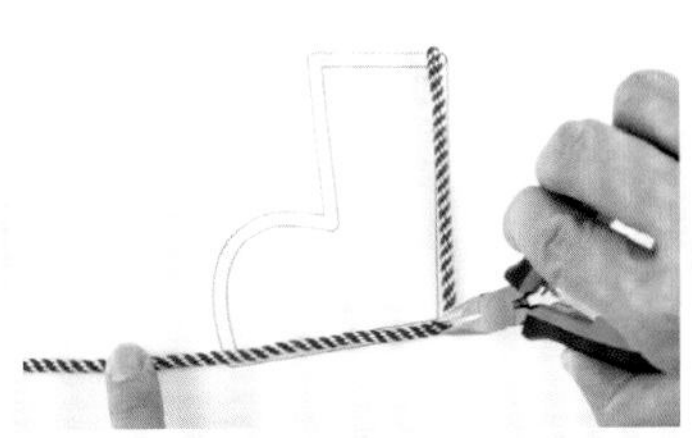

17 沿着纸型弯曲编绳。明显的转角处用钳子夹住编绳进行弯折。

18 有弧度的地方就用手轻轻地折弯，一边用手指按住一边沿着纸型弯曲。

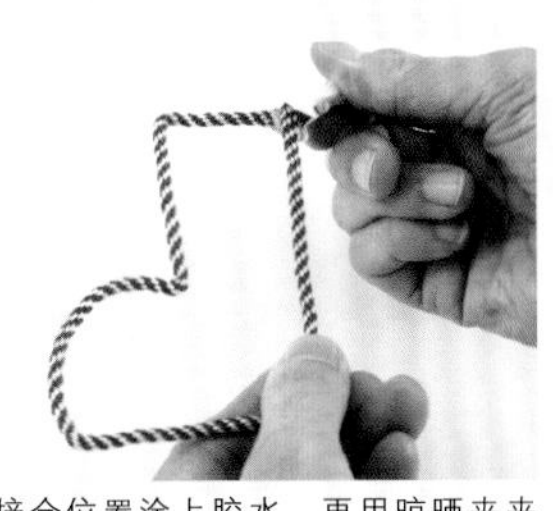

19 在接合位置涂上胶水，再用晾晒夹夹住，静置晾干。

20 按相同要领制作靴子上的小装饰。用木工用胶水将小毛球和小装饰粘贴在靴子上。

可爱得让人跃跃欲试

小巧的提篮编织

一起用轻巧方便的纸藤试着制作小提篮吧！
制作方法非常简单！一旦学会了，短时间内就能制作完成。
不妨制作很多个，享受应用变化的乐趣！

摄影：Yukari Shirai (本页), Noriaki Moriya (p.61) 造型：Megumi Nishimori 撰文：Chiyo Takeoka

单提手的迷你篮子

约5cm高的迷你篮子可爱极了。换成不同的颜色编织，给人的感觉也不同。作为小礼物送人也很不错。

设计／古木明美 制作方法／p.61 使用材料／植田产业纸藤

制作精美、款式丰富！

《从零开始玩纸藤：环保篮子和包包编织教程》

这是上面迷你篮子的设计者古木明美的著作。书中介绍了很多款式的提篮和包袋，制作简单，环保，又很百搭。（河南科学技术出版社已引进出版。）

绕上一圈可爱的花边，或者系上雅致的流苏。添加小装饰可以打造出独具特色的作品。

小巧的尺寸也非常适合制作成项链或手提包挂饰。发挥创意，可以演绎出各种使用方法。

一起制作单提手的迷你篮子吧！

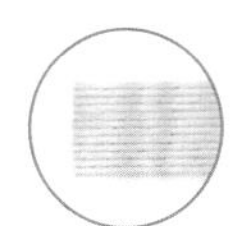

纸藤　将再生纸加工成细细的纸捻，然后用胶水将其粘在一起制作成扁平的带状，这种编织材料就是纸藤。这里使用的是12股的纸藤。

72cm

① ③ ③ ② ④ ② ④ ② ②

裁剪尺寸

		宽度	长度	条数
①	底绳	12 股	2cm	1 条
②	纵绳	2 股	15cm	4 条
③	编绳	2 股	70cm	2 条
④	提手用绳	2 股	12cm	2 条

必备的材料及工具
- 纸藤72cm
[浅杏色，12股]
- 木工用胶水
- 剪刀、直尺

方便的小工具
- 锥子、晾晒夹、PP带

Lesson

裁剪纸藤

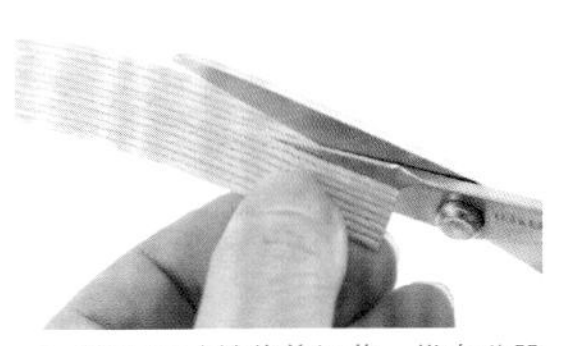

1 确认尺寸并裁剪纸藤。纵向分股时，用剪刀在纸捻之间的凹槽里剪出一个豁口。

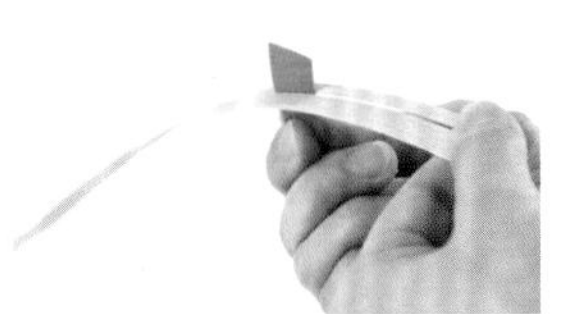

2 垂直插入PP带，往胸前拉动纸藤，就能顺利地分股。

3 将所需长度和宽度的纸藤全部裁剪好备用。

制作底部

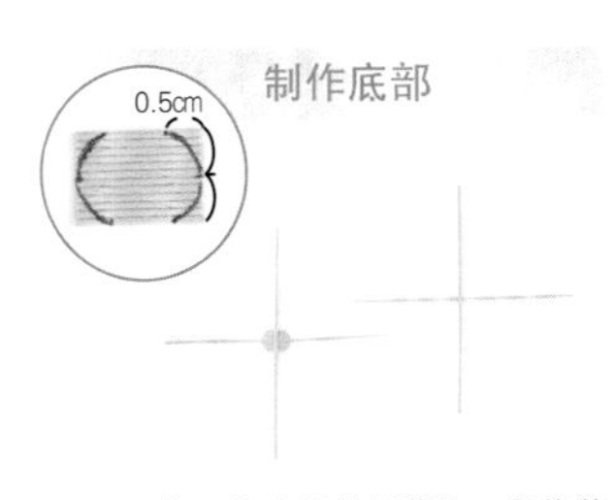

4 将用作底部的纸藤的四角修剪出弧度。分别将2条纵绳十字交叉后用胶水粘贴在一起，再将其中一组粘贴在底部。

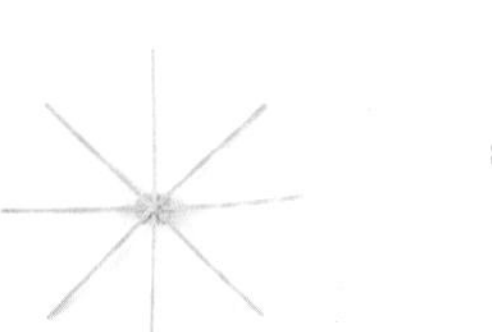

5 如图所示叠放纵绳，使底部纸藤位于最下面。用胶水将底部和所有的纵绳粘牢（为了粘得紧实一点，可以用晾晒夹固定一段时间）。

编织侧面

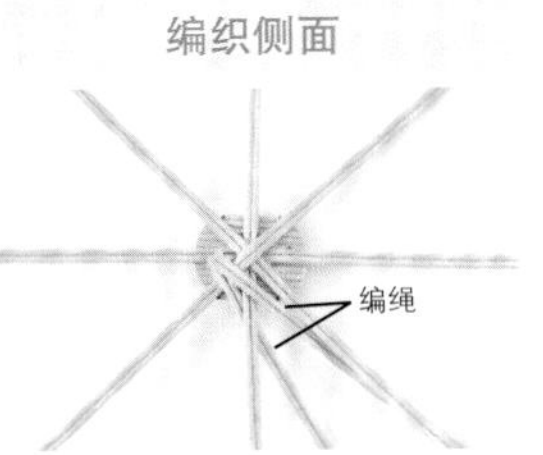

6 如图所示，将2条编绳稍微错开依次用胶水粘贴在底部。

7 弯曲纵绳，感觉就像从底部交界处往上延伸出来一样。

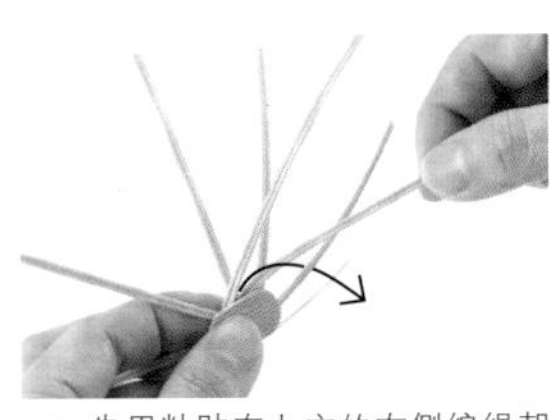

8 先用粘贴在上方的右侧编绳朝右边编织。按照纵绳的外侧→内侧→外侧的顺序交替编织。

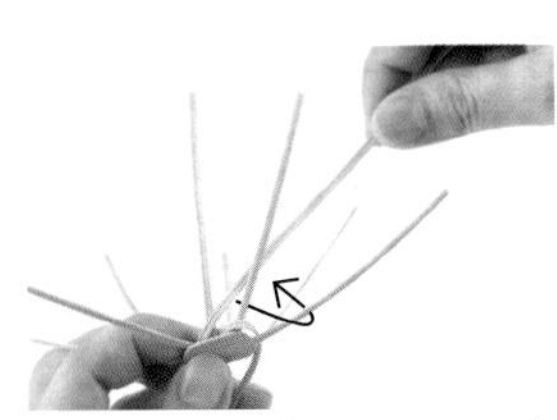

9 编织一定距离后，再用另一条编绳按纵绳的内侧→外侧→内侧的顺序编织，与步骤8的编绳呈交错状态。

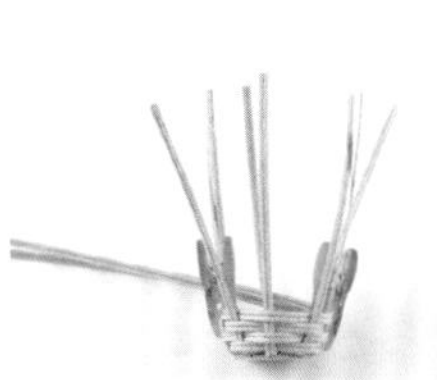

10 每条编绳各编织2圈一共编织4圈后的状态。中途暂停编织时用晾晒夹固定住就不会散开。

11 每条编绳各编织6圈一共编织12圈后的状态。编织终点与编织起点位置对齐。将编绳拉出至外侧。

编织边缘

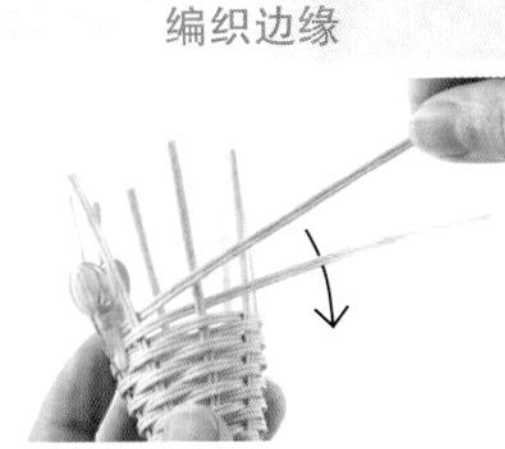

12 将前面的编绳交叉在另一条编绳上。

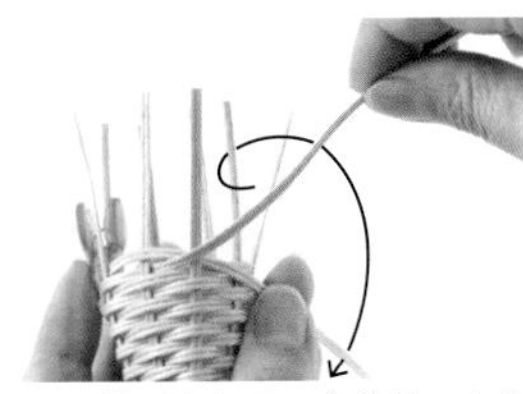

13 换手拿起另一条编绳，夹住下一条纵绳，接着按相同要领交叉在另一条编绳上。

14 上下交替继续扭编1圈。

15 多余的编绳在编织终点位置与纵绳呈垂直状态剪断。

16 编织终点的编绳用胶水重叠着粘贴在篮子的内侧。

收边处理

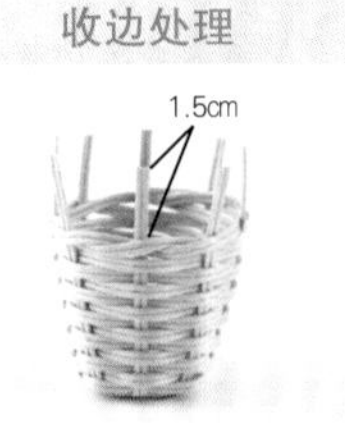

17 留出1.5cm后剪掉多余纵绳。

18 将纵绳折入内侧，借助锥子等工具将纵绳插入编绳缝隙。

19 插入1条纵绳后的状态。插入编绳中收边后，可以完美隐藏纵绳的末端。

20 全部纵绳收边处理后的状态。

安装提手

21 将2条提手用绳在距离两端3cm处折一下。

22 在篮口一侧中心位置的纵绳的左侧、扭编的下方插入提手用绳。

23 在一端的3cm长度上涂胶水粘贴好。

24 另一侧也按相同要领插入提手用绳，粘贴另一端，使两端的头部对齐。

25 将另一条提手用绳插入篮口一侧中心位置的纵绳的右侧，按相同要领粘贴两端。

将2条提手的中心部分粘贴在一起，作品就完成了！

可爱的笑脸令人着迷！

编织玩偶手工俱乐部

或者为了纪念什么，或者尝试某个新的创意，
每个玩偶都有各自的小故事。
所以，任何一个玩偶都是独一无二的。
就来欣赏一下制作者们充满爱意的作品吧！

摄影：Yukari Shirai, Noriaki Moriya 造型：Megumi Nishimori 撰文：Sanae Nakata

会员编号… 99

小兔子婚庆玩偶

站在婚礼的闪亮舞台上稍显紧张的小兔子新郎和新娘。整体色调清新淡雅，可以用作婚礼和喜宴的迎宾玩偶。

设计 / Rabbit crochet

小兔子新娘的头纱和裙子用纤细的蕾丝线钩织，显得优雅华丽。

会员编号… 101

弹钢琴的小女孩和演奏会

演奏会马上就要开始了！热爱弹钢琴的小女孩轻柔的动作和笑脸引人注目。钢琴和椅子也是手编的，而且可以站立不倒。

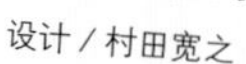

设计 / 村田宽之

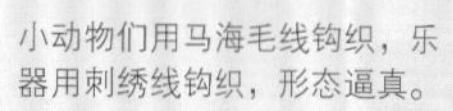

小动物们用马海毛线钩织，乐器用刺绣线钩织，形态逼真。

会员编号… 100

摆姿人偶

用钩编的形式再现了日本昭和三四十年代（1955~1974年）流行的人偶，特点是水灵的大眼睛和修长的四肢。脸部五官全部是用刺绣线勾勒出来的。

设计 / RETOROBANBI

会员编号… 103

没穿衣服的国王和童话王国的居民们

钩织2个相同的织片再缝合成扁平的玩偶。国王、燕子、鲸头鹳大臣……配色也非常细致。

设计 / Ahaha工房

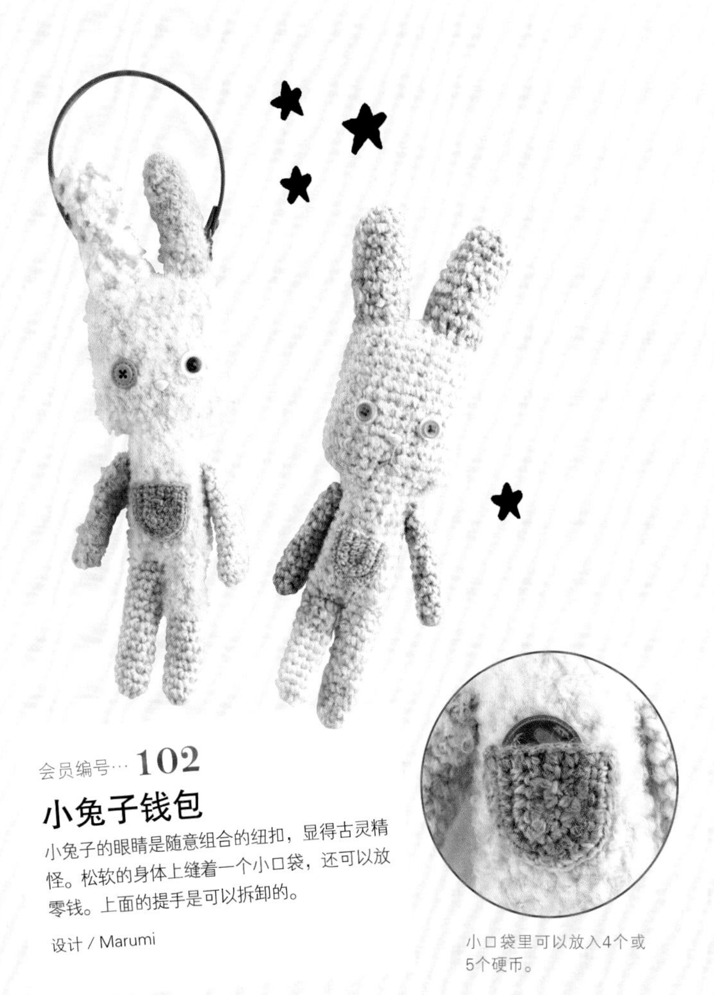

会员编号… 102

小兔子钱包

小兔子的眼睛是随意组合的纽扣，显得古灵精怪。松软的身体上缝着一个小口袋，还可以放零钱。上面的提手是可以拆卸的。

设计 / Marumi

小口袋里可以放入4个或5个硬币。

会员编号… 105

青蛙父子

使用相同的图解、不同的线钩织出大小不同的青蛙。小青蛙加上小蘑菇也可以制作成钥匙挂件。

设计 / 阳（Yoh）

在刺猬圆滚滚的身体上设计了粉嫩的小脚丫。用不同的颜色钩织也十分可爱。

会员编号… 104

森林里的小伙伴们

用合股线钩织的松鼠和蘑菇。松鼠的身体用丝带线装饰得像花一样，手里还拿着一颗最爱的橡实。

设计 / Le cerf (Yu)

编织的Q和A

这里是编织答疑专栏。
主题是织物的清洗和线材标签的看法。
你将学会让喜爱的织物更加耐用的洗涤方法以及选择线材的基本方法。
摄影：Noriaki Moriya

Q 如何看原装进口线材的标签？

A 线材上都有标签，记载着与之相关的各种信息。
在编织完成前，务必保留好标签。

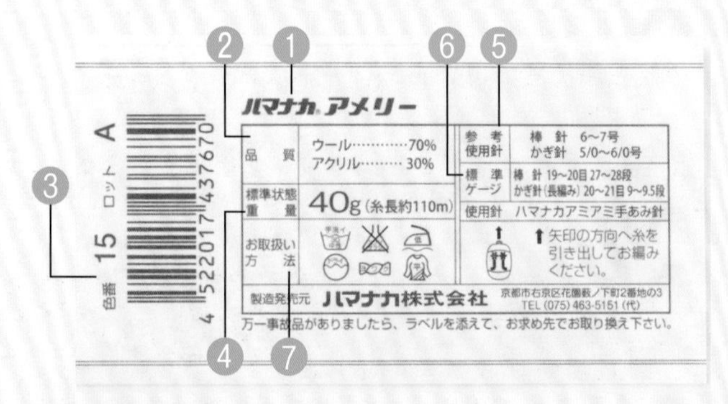

❶线材名称
❷线的成分
❸色号和缸号…即使色号相同，如果缸号不同，染色的效果也会不一样，线材的颜色会呈现微妙的差异。购买时需要特别注意。
❹线的重量和线长…从重量和线长的关系大致可以判断出线的粗细。相同重量的情况下，线长越长，线就越细。
❺适用针号…参考用针。不过，由于每个人的手劲儿不同，未必一定要使用标注的针号。
❻标准密度…10平方厘米的正方形内的标准针数和行数。除特别指定外，一般表示下针编织（棒针）的密度。
❼洗涤方法…一般情况下，与衣物的洗涤护理标识相同。

Point 寻找相似的线材时，
请注意线的重量和线长的关系！

memo

关于线材的粗细

根据粗细，一般分为极细、中细、中粗……不过，最近各种线材层出不穷，不同的厂商之间也存在着差异，分类越来越难。右表以钩针为例，列出了钩针与线材的对应关系。对于初学者来说，适用5/0、6/0号钩针的中粗毛线比较容易钩织。

钩针与线材的对应关系表（供参考）※1

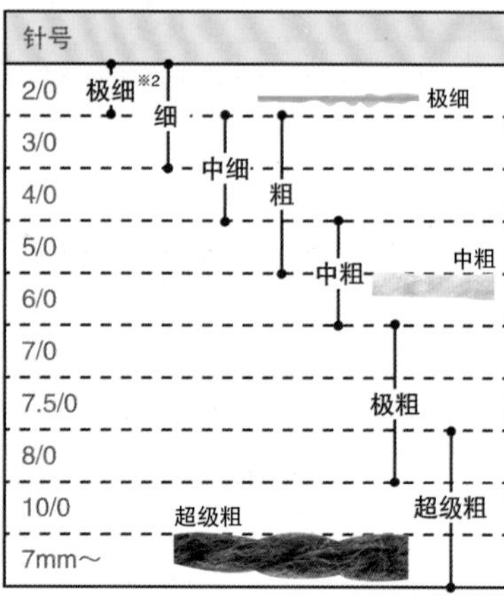

※1 也有不适用此表的情况。 ※2 极细毛线使用2根线钩织。

Q 如何清洗才能使织物更加耐用？

A 轻轻地按压清洗后，放在阴凉处平铺晾干。
轻柔地手洗可以保持织物的蓬松和柔软。

1 在30℃以下的温水里倒入护理洗衣液，等到溶解后再将织物浸泡在里面（因为织物容易变形，请折叠后再浸泡）。

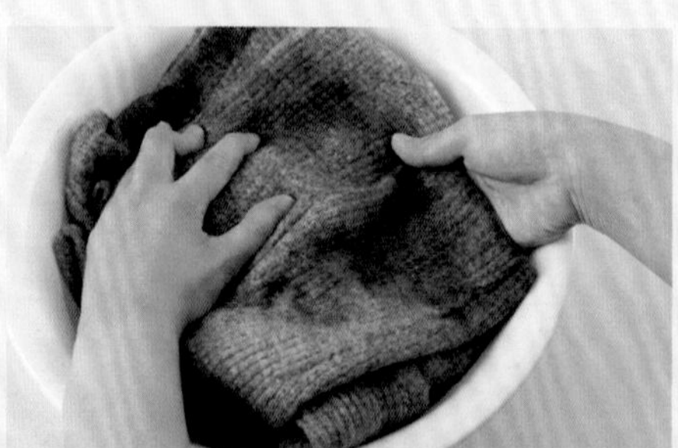

2 轻柔地按压清洗。比较容易脏的衣领和袖口部位，可以用手指轻轻地揉搓使洗衣液完全渗透织物，或者用刷子等工具轻轻拍打。

3 换新的温水漂洗2次。按个人喜好也可以在第2次洗涤时放入柔顺剂（此时需要浸泡3分钟左右）。

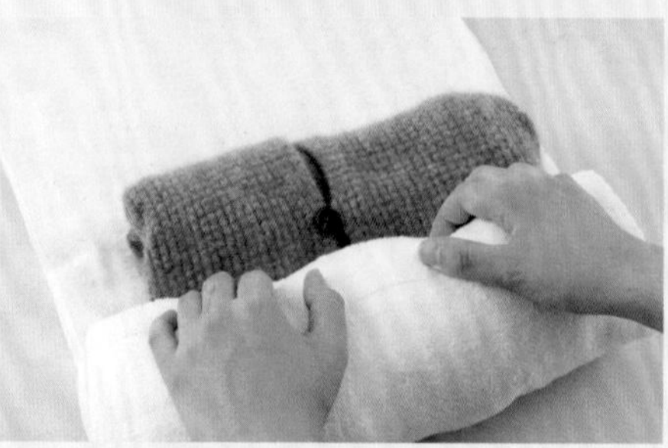

4 用大一点的浴巾将织物包裹起来吸掉水分，然后连同浴巾一起放入洗衣机脱水30秒左右。

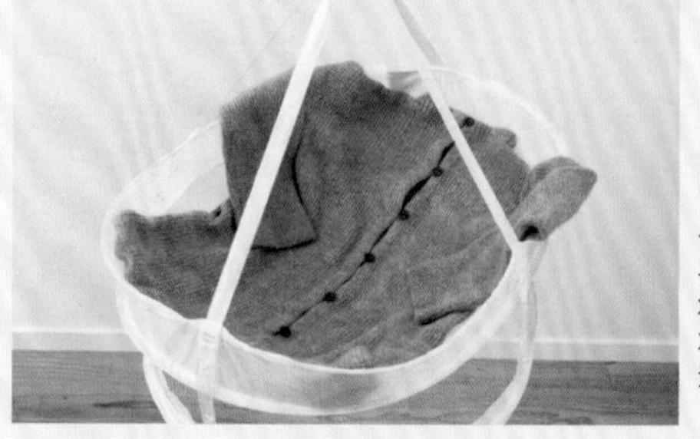

5 使用晾晒网兜等，将织物平铺在上面，整理一下形状，然后放在室内或者阴凉处晾干。晾干后再用蒸汽熨斗整烫一下。

编织基础知识和制作方法

钩针的拿法、挂线的方法

右手
（钩针的拿法）

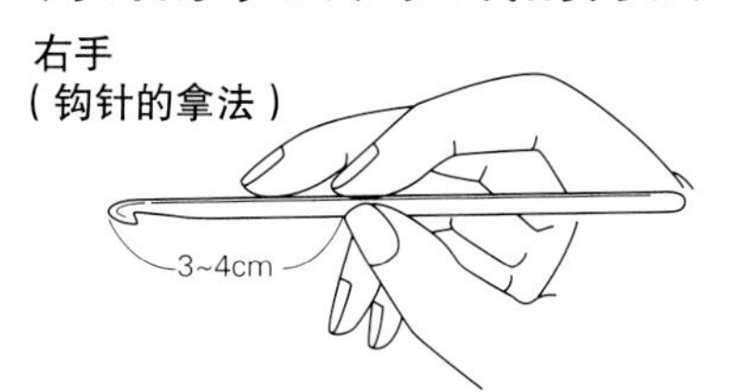

用拇指和食指轻轻地拿着钩针，再放上中指。

左手
（挂线的方法）

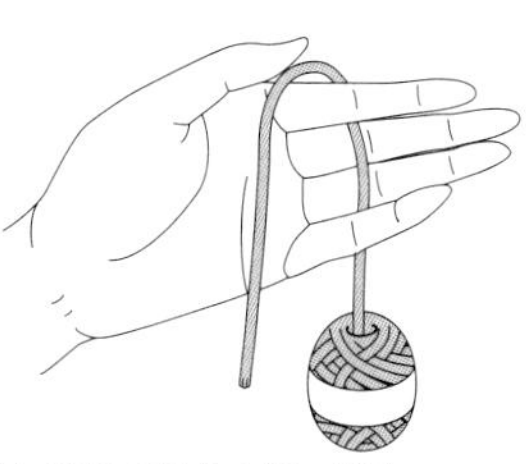

1 将线穿到中间2根手指的内侧，线团留在外侧。

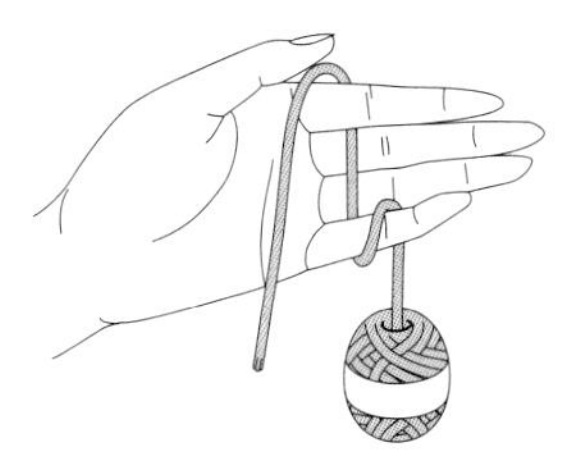

2 若线很细或者很滑，可以在小指上绕1圈。

3 食指向上抬，将线拉紧。

符号图的看法

往返编织

各种针目全部使用符号表示（请参见编织针目符号）。将这些符号组合在一起就成为符号图，编织织片（花样）时就会用到符号图。

符号图标示的是从正面看到的样子。但实际编织的时候，有时会从正面编织，有时也会将织片翻转后从反面编织。

从符号图来看，我们可以通过立织的锁针在左侧还是右侧判断出是从正面编织还是从反面编织。当立织的锁针在一行的右侧时，该行就是从正面编织的；当立织的锁针在一行的左侧时，该行就是从反面编织的。

看符号图时，从正面编织的行总是从右向左看的；与之相反，从反面编织的行是从左向右看的。

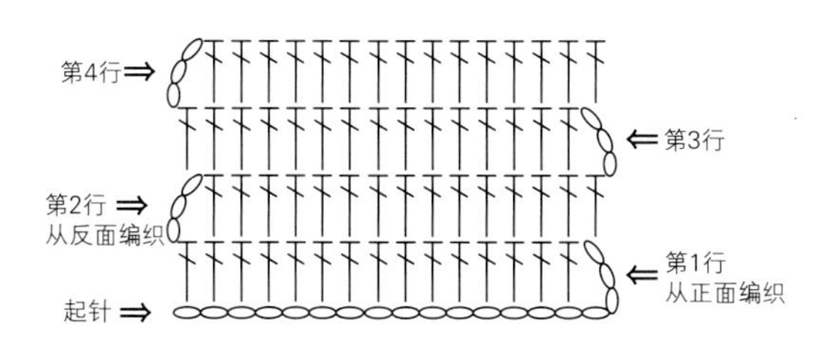

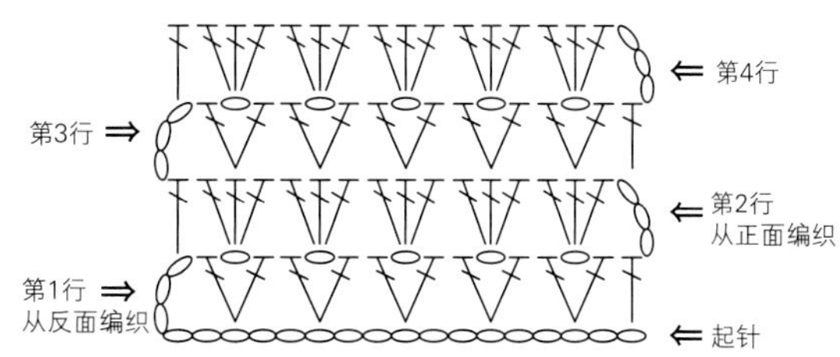

从中心开始环形编织（花片等）

在手指上绕线，环形起针，像是从花片的中心开始画圈圈一样，逐渐向外编织。

基本的方法是，从立织的锁针开始，向左一圈一圈地编织。

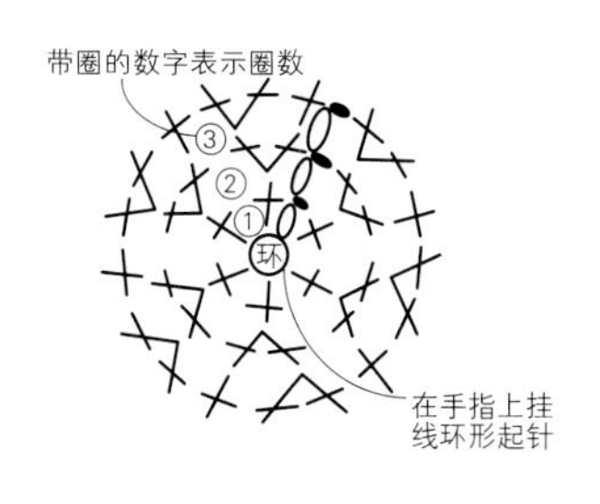

锁针起针的挑针方法

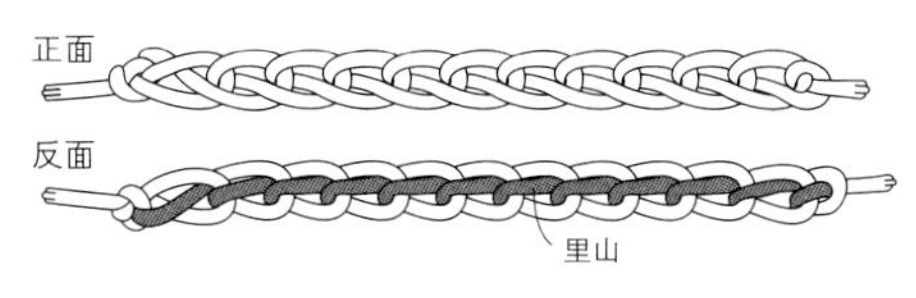

锁针的反面，线呈凸起状态。我们将这些凸起的线叫作里山。

从锁针的里山挑针

挑针后，锁针正面的针目会保留下来，非常平整。适合不做边缘编织的情况。

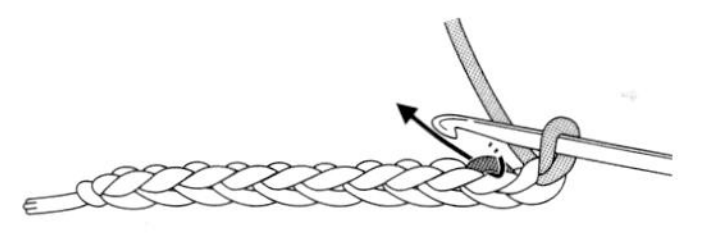

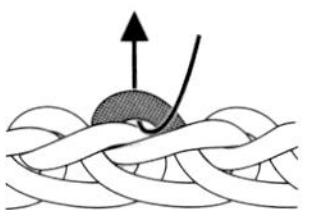

从锁针的半针和里山挑针

这种方法比较容易挑取针目，针目也比较端正。适合镂空花样等跳过几针挑针的情况，或是使用细线编织的情况。

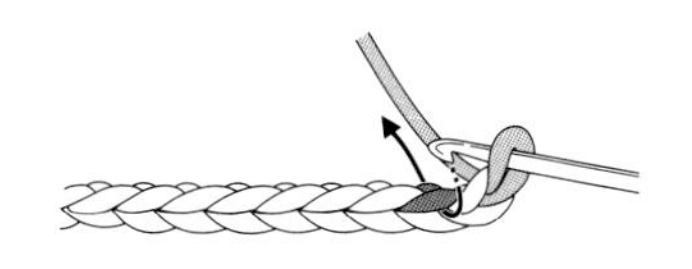

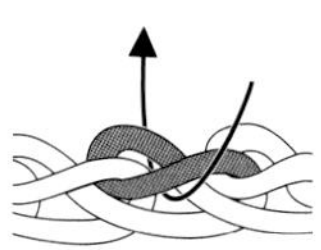

在手指上挂线环形起针

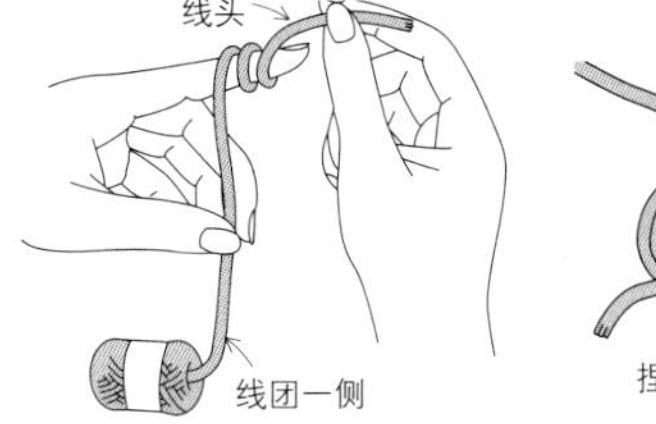

1 将线头在左手的食指上绕2圈。

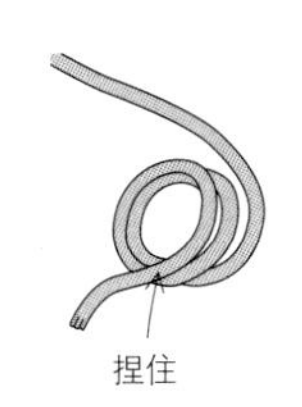

2 捏住交叉点将线环取下，注意不要让线环散开。

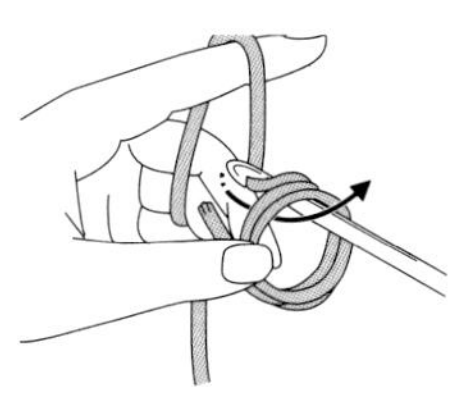

3 换左手拿线环，在线环中插入钩针，挂线后从线环的中间拉出。

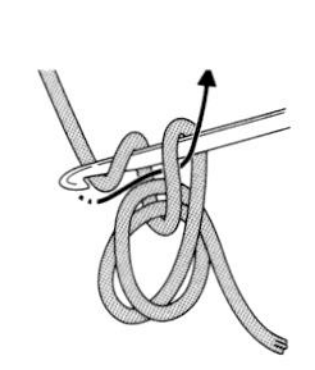

4 再次挂线拉出。

5 最初的针目完成。但是这一针不计入针数中。

收紧中心

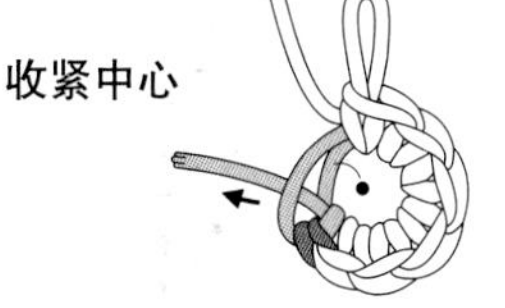

6 拉线头，线环的2根线中有1根线（●）会活动。

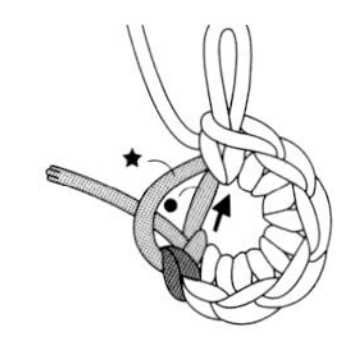

7 拉活动的那根线，将另一根线（★）收紧。

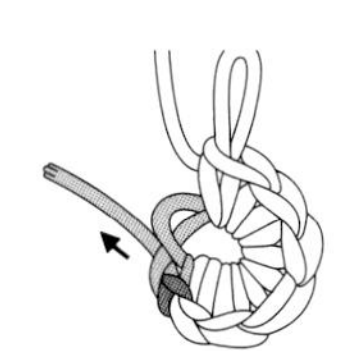

8 再次拉线头，收紧靠近线头的线（●）。

将锁针连接成环形起针

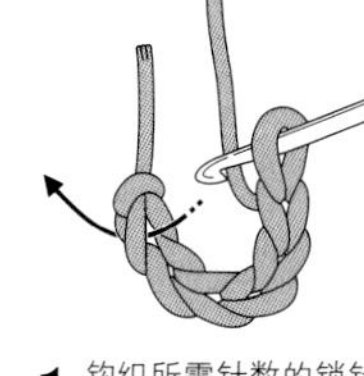

1 钩织所需针数的锁针，将钩针插入第1针锁针的半针和里山。

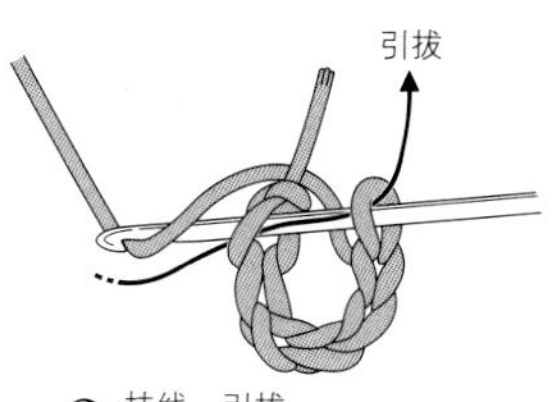

2 挂线，引拔。

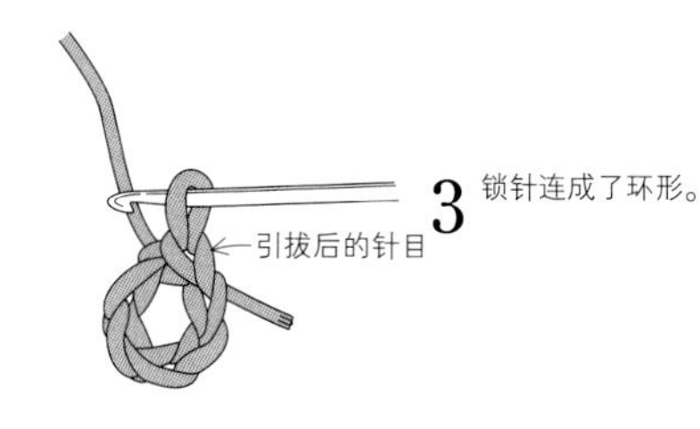

3 锁针连成了环形。

锁针

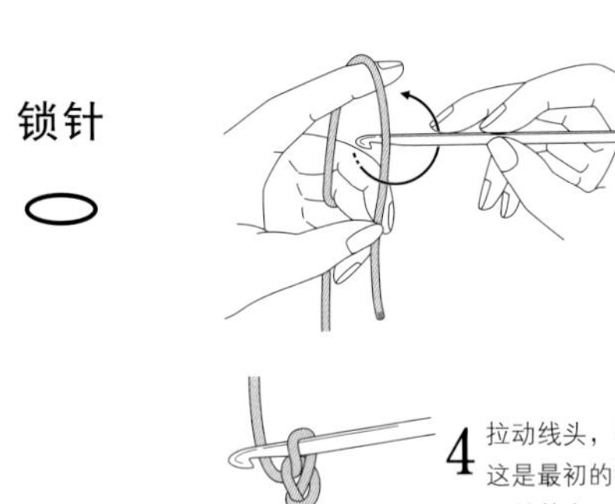

1 将钩针放在线的后面，如箭头所示转动1圈。

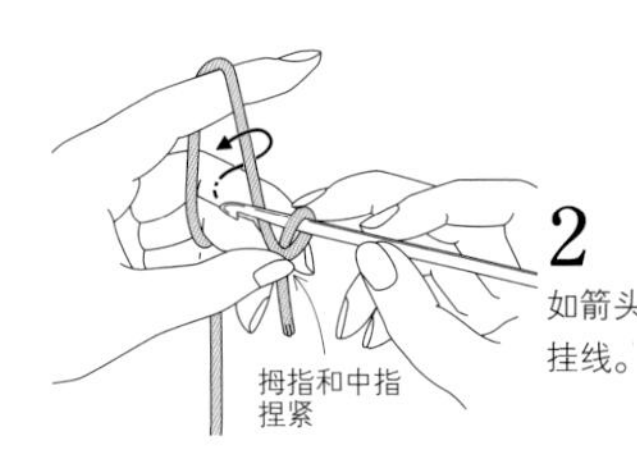

2 如箭头所示转动钩针，挂线。

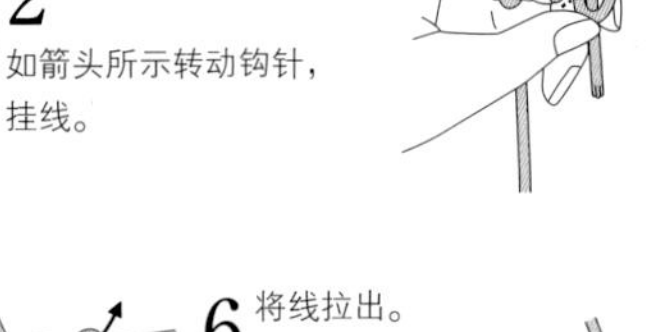

3 将线拉出。

4 拉动线头，收紧线环。这是最初的针目，不计入针数中。

拉紧

5 如箭头所示转动钩针，挂线。

6 将线拉出。

7 1针锁针完成。

1 针锁针

短针

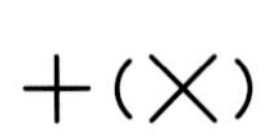

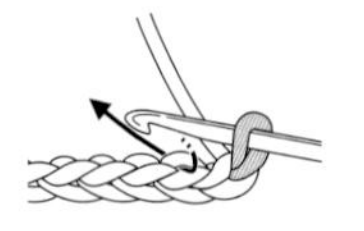

1 如箭头所示插入钩针。

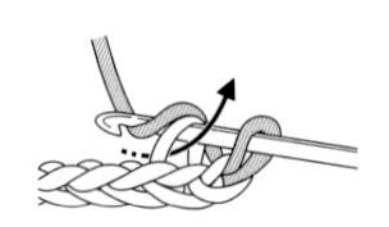

2 在针上挂线，如箭头所示将线拉出。此时的状态叫作“未完成的短针”。

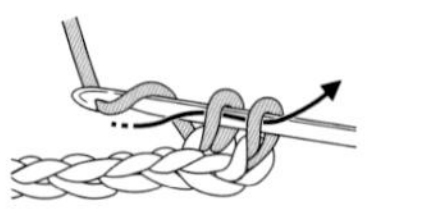

3 再次在针上挂线，引拔穿过2个线圈。

4 1针短针完成。

引拔针

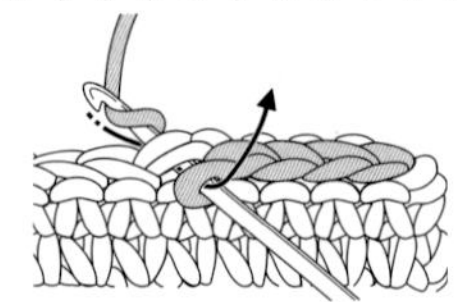

在前一行针目的头部2根线里插入钩针，挂线后引拔。

中长针

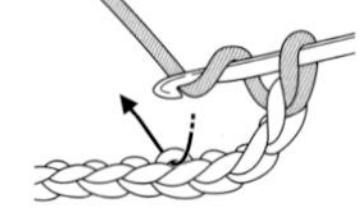

1 在针上挂线，如箭头所示插入钩针。

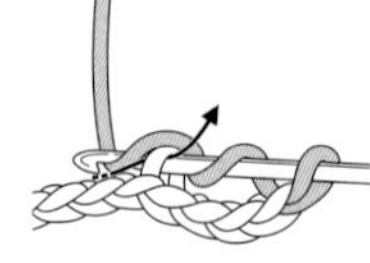

2 在针上挂线，如箭头所示将线拉出。此时的状态叫作“未完成的中长针”。

3 再次在针上挂线。

4 一次引拔穿过针上的3个线圈。

5 1针中长针完成。

短针的条纹针

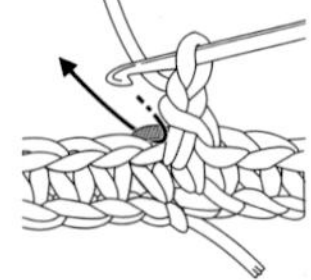

看着正面编织的时候，在前一行针目头部的后侧半针里挑针，钩短针。看着反面编织的时候则相反，在前侧半针里挑针钩织。

※虽然钩织方法不同，但是基本要领是一样的。都是挑取半针钩织，使正面呈现条纹状。

长针

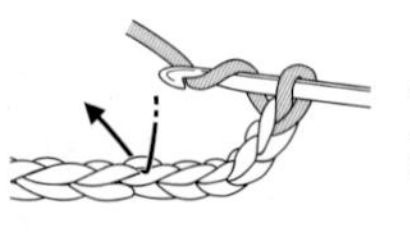

1 在针上挂线，如箭头所示插入钩针。

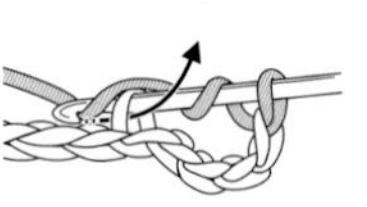

2 在针上挂线，如箭头所示将线拉出。

3 在针上挂线，引拔穿过针上的前2个线圈。此时的状态叫作“未完成的长针”。

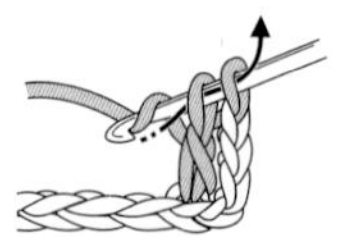

4 在针上挂线，引拔穿过剩下的2个线圈。

5 1针长针完成。

短针的棱针

总是在前一行针目头部的后侧半针里挑针钩短针。每一行改变编织方向，即进行往返编织（条纹呈交替状出现）。

长长针

1 在针上绕2次线，如箭头所示插入钩针。

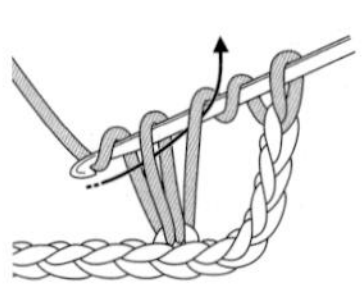

2 挂线后拉出。再在针上挂线，引拔穿过针上的前2个线圈。

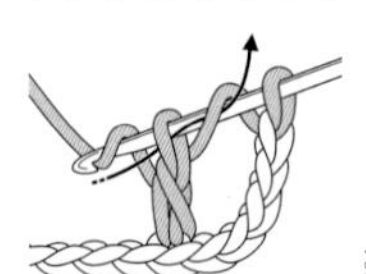

3 再次挂线，引拔穿过针上的前2个线圈。

4 再次挂线，引拔穿过剩下的2个线圈。

1针放2针短针

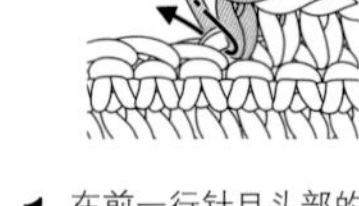

1 在前一行针目头部的2根线里挑针，钩1针短针。

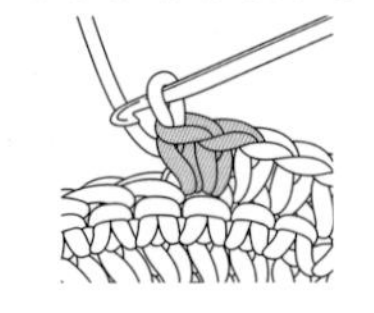

2 在同一个针目里插入钩针，再钩1针短针（加了1针）。

※中长针、长针等的加针，虽然钩织方法不同，针数不同，但是基本要领是一样的，都是在同一个针目里钩入所需针数。

2针短针并1针

1 挂线后拉出。在下一个针目里插入钩针，同样挂线后拉出。

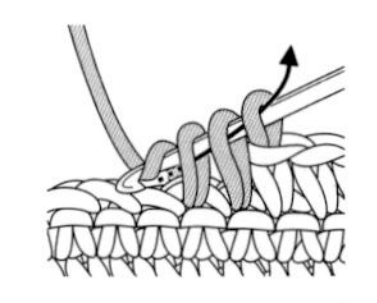

2 再次在针上挂线，引拔穿过针上的3个线圈。

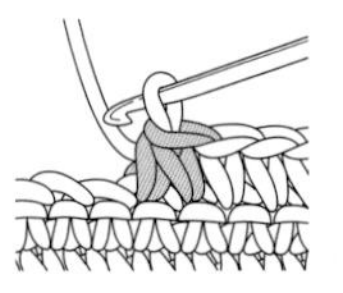

3 2针短针并1针完成（减了1针）。

3针短针并1针

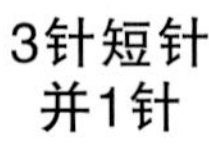

1 挂线后拉出。接着按相同要领在下面2个针目里插入钩针并挂线后拉出。

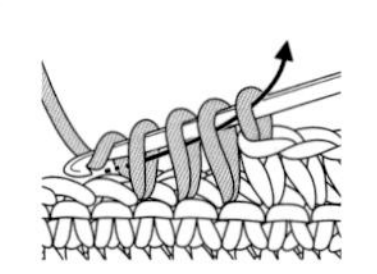

2 再次在针上挂线，引拔穿过针上的4个线圈。

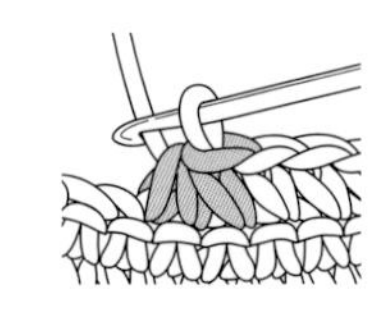

3 3针短针并1针完成（减了2针）。

5针长针的枣形针（整段挑取）

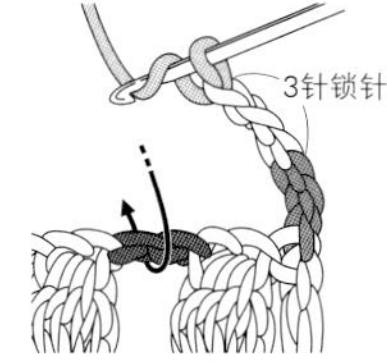

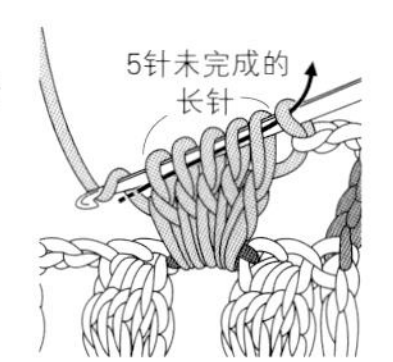

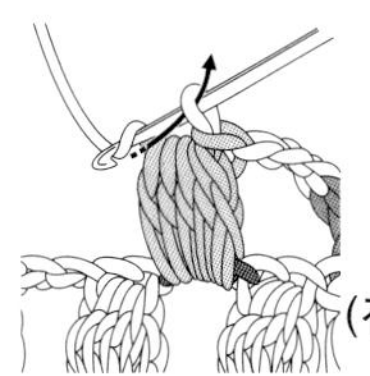

1 在针上挂线后，将钩针插入前一行锁针下方的空隙里（整段挑取）。

2 钩5针未完成的长针。接着在针上挂线，一次引拔穿过针上的6个线圈。

3 整段挑取钩织的5针长针的枣形针完成。

变化的3针中长针的枣形针（在针目里插入钩针）

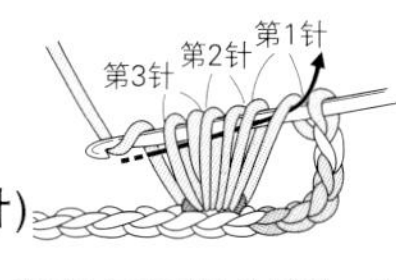

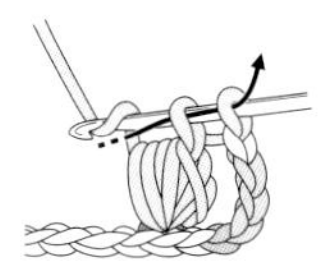

1 钩3针未完成的中长针，在针头挂线后引拔穿过6个线圈（剩下最右边的1个线圈）。

2 再次在针上挂线，引拔穿过剩下的2个线圈。

3 变化的3针中长针的枣形针完成。

※中长针、长针等的枣形针，虽然钩织方法不同，针数不同，但是基本要领是一样的。都是钩织指定针数的未完成的针目后，一次引拔穿过所有线圈。
※如果针目符号的根部是连在一起的，在前一行的同一个针目里插入钩针钩织；如果针目符号的根部是分开的，则整段挑取前一行的锁针针目钩织。

5针长针的爆米花针

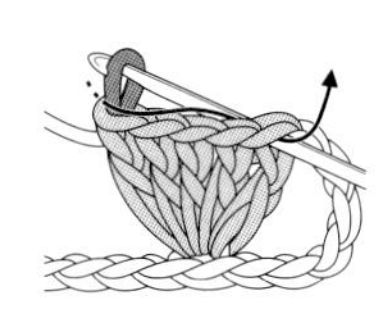

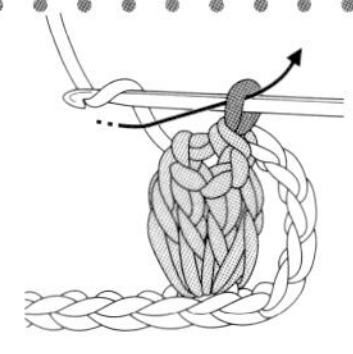

1 在1个针目里钩入5针长针。暂时取下钩针，然后将钩针从前面插入第1针。

2 将钩针插回刚才取下的第5针里，将其从第1针里拉出。

3 再钩1针锁针收紧针目。5针长针的爆米花针完成。

3针长针并1针

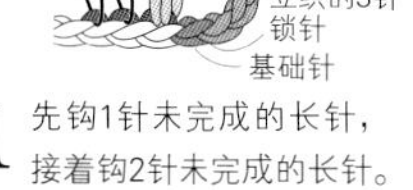

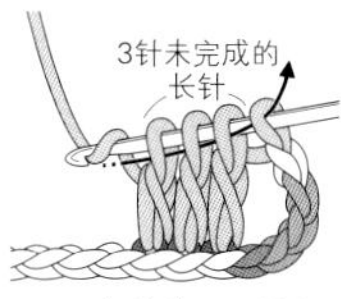

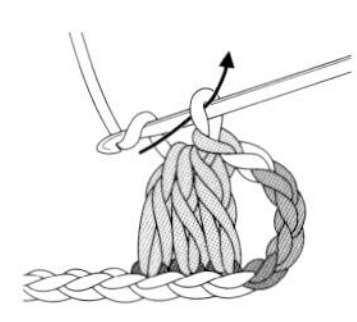

1 先钩1针未完成的长针，接着钩2针未完成的长针。

2 再次挂线，引拔穿过针上的4个线圈。

3 3针并作了1针，即3针长针并1针完成（减了2针）。

※中长针、长针等的爆米花针，虽然钩织方法不同，针数不同，但是基本要领是一样的。都是钩织指定针数的未完成的针目后，一次引拔穿过所有线圈。
※如果针目符号的根部是连在一起的，在前一行的同一个针目里插入钩针钩织；如果针目符号的根部是分开的，则整段挑取前一行的锁针针目钩织。

长针的正拉针

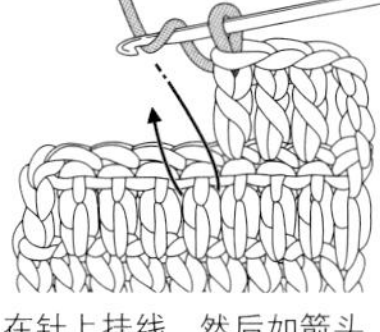

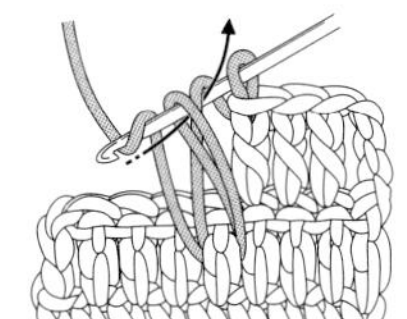

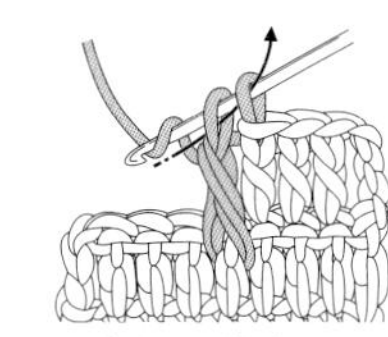

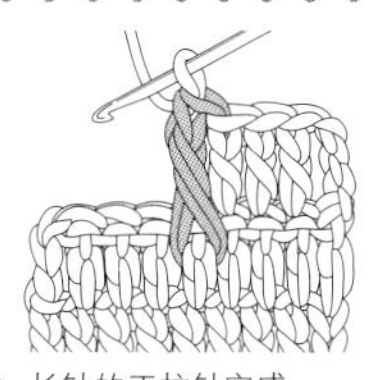

1 在针上挂线，然后如箭头所示，从前面插入钩针，挑取前一行针目的整个尾部。

2 在针上挂线后拉出，将线拉得稍微长一点。再次挂线，引拔穿过针上的前2个线圈。

3 再次在针上挂线，引拔穿过剩下的2个线圈（钩长针）。

4 长针的正拉针完成。

长针的反拉针

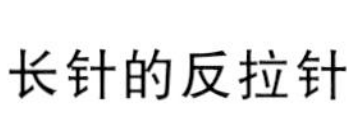

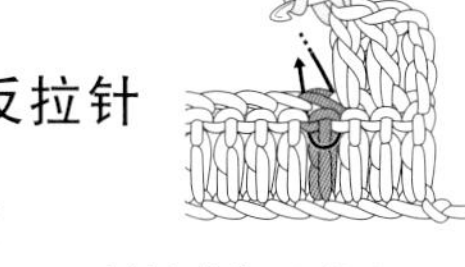

在针上挂线，如箭头所示，从后面插入钩针，挑取前一行针目的整个尾部，钩长针。

※中长针、长长针、枣形针等的拉针，虽然钩织方法不同，针数不同，但是基本要领是一样的。注意钩针的插入方向，挑取对应针目的整个尾部钩织。

棒针的拿法

法式

这是将线挂在左手食指上的编织方法，合理使用10根手指，可以快速编织。建议初学者使用这种方法。

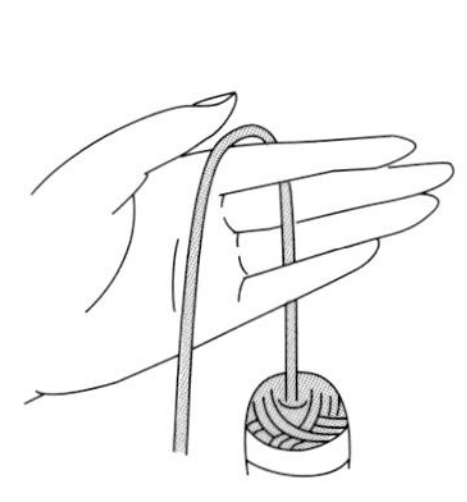

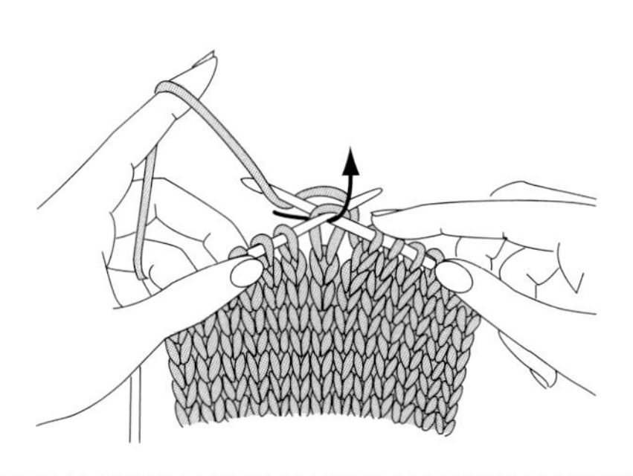

棒针的法式拿法是用拇指和中指拿针，无名指和小指自然地放在后面。右手的食指也放在棒针上，可以调整棒针的方向，同时按住边上的针目以防止脱针。可以用整个手掌拿着织片。

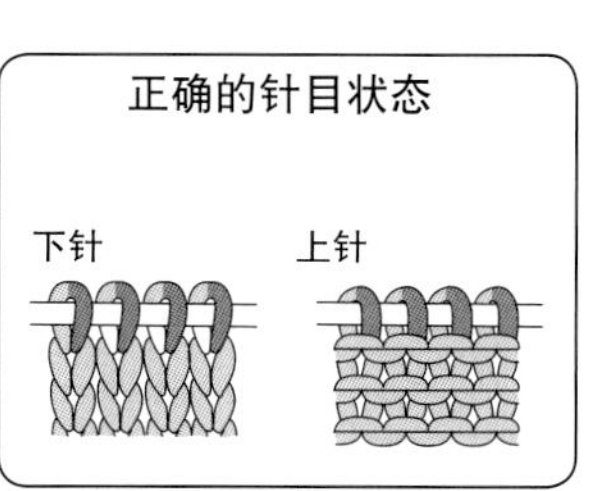

在另线锁针的里山挑取针目起针

先用不同于作品用线的线钩织锁针，再从锁针的里山挑取针目后开始编织。之后可以解开另线锁针，朝相反方向编织。建议使用不容易起毛、比较顺滑的夏季线。

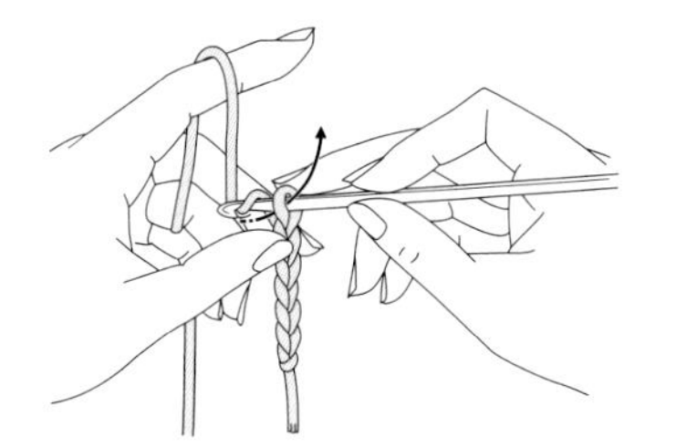

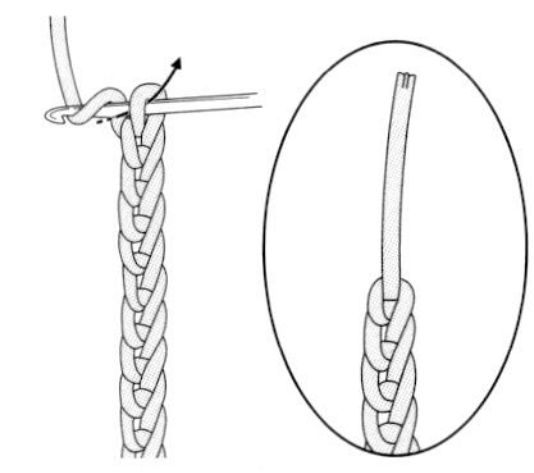

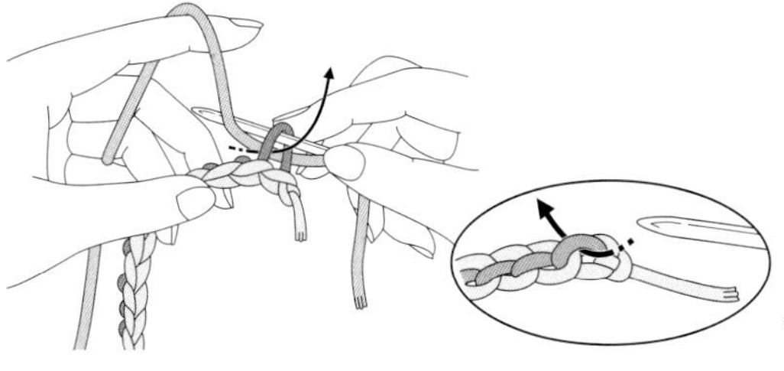

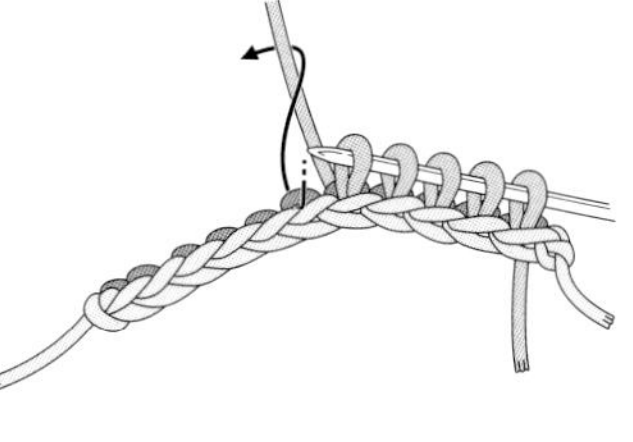

1 参照p.66，使用比棒针粗2号的钩针钩锁针，比所需针数多钩几针。

2 最后再次挂线，引拔。剪断后拉出线头。

3 在另线锁针终点一侧的里山插入棒针，用作品用线进行挑针。

4 从每个里山各挑1针，挑取所需针数。

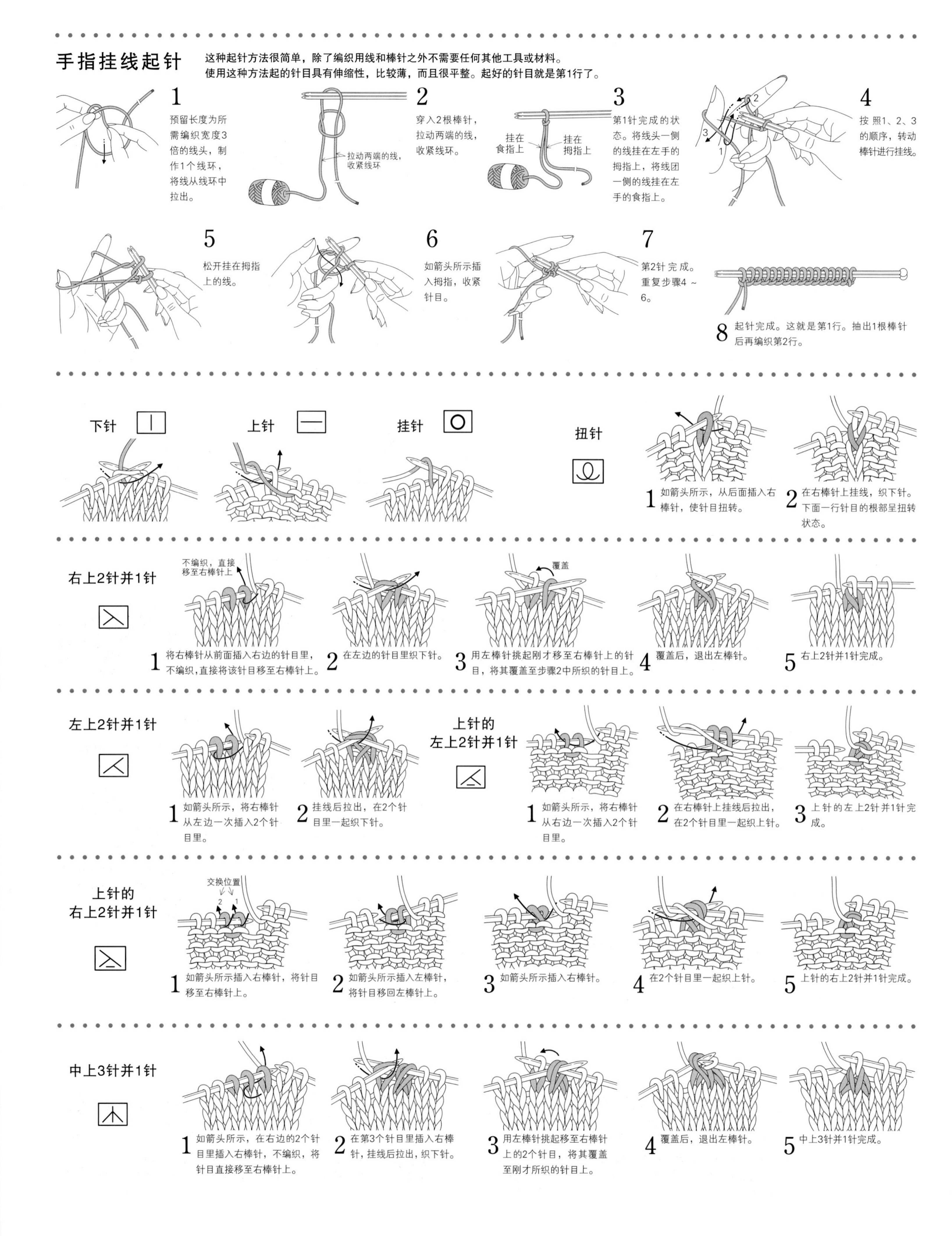

手指挂线起针
这种起针方法很简单，除了编织用线和棒针之外不需要任何其他工具或材料。
使用这种方法起的针目具有伸缩性，比较薄，而且很平整。起好的针目就是第1行了。
1
预留长度为所需编织宽度3倍的线头，制作1个线环，将线从线环中拉出。
2
穿入2根棒针，拉动两端的线，收紧线环。
拉动两端的线，收紧线环
3
挂在食指上
挂在拇指上
第1针完成的状态。将线头一侧的线挂在左手的拇指上，将线团一侧的线挂在左手的食指上。
4
按照1、2、3的顺序，转动棒针进行挂线。
5
松开挂在拇指上的线。
6
如箭头所示插入拇指，收紧针目。
7
第2针完成。重复步骤4～6。
8
起针完成。这就是第1行。抽出1根棒针后再编织第2行。
下针
上针
挂针
扭针
1 如箭头所示，从后面插入右棒针，使针目扭转。
2 在右棒针上挂线，织下针。下面一行针目的根部呈扭转状态。
右上2针并1针
不编织，直接移至右棒针上
覆盖
1 将右棒针从前面插入右边的针目里，不编织，直接将该针目移至右棒针上。
2 在左边的针目里织下针。
3 用左棒针挑起刚才移至右棒针上的针目，将其覆盖至步骤2中所织的针目上。
4 覆盖后，退出左棒针。
5 右上2针并1针完成。
左上2针并1针
1 如箭头所示，将右棒针从左边一次插入2个针目里。
2 挂线后拉出，在2个针目里一起织下针。
上针的左上2针并1针
1 如箭头所示，将右棒针从右边一次插入2个针目里。
2 在右棒针上挂线后拉出，在2个针目里一起织上针。
3 上针的左上2针并1针完成。
上针的右上2针并1针
交换位置
1 如箭头所示插入右棒针，将针目移至右棒针上。
2 如箭头所示插入左棒针，将针目移回左棒针上。
3 如箭头所示插入右棒针。
4 在2个针目里一起织上针。
5 上针的右上2针并1针完成。
中上3针并1针
1 如箭头所示，在右边的2个针目里插入右棒针，不编织，将针目直接移至右棒针上。
2 在第3个针目里插入右棒针，挂线后拉出，织下针。
3 用左棒针挑起移至右棒针上的2个针目，将其覆盖至刚才所织的针目上。
4 覆盖后，退出左棒针。
5 中上3针并1针完成。

右上3针并1针

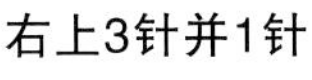

1 右边的针目不编织，直接将该针目移至右棒针上。

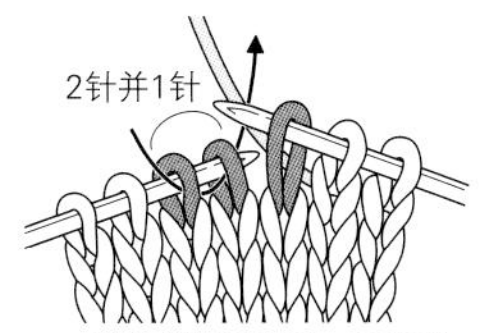

2 将右棒针从左边一次插入后面的2个针目里。

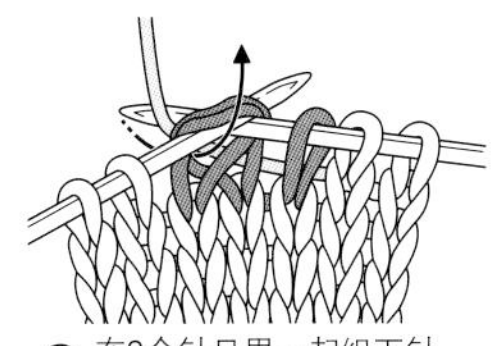

3 在2个针目里一起织下针。

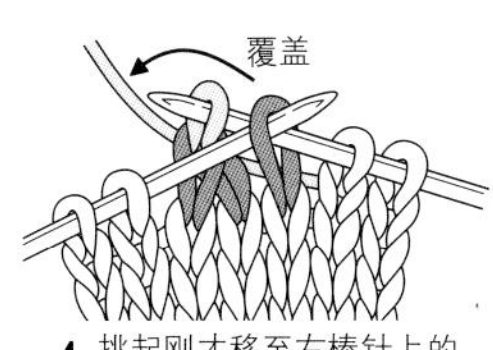

4 挑起刚才移至右棒针上的针目，将其覆盖至已织的针目上。

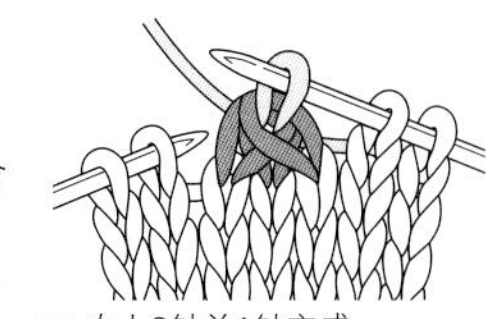

5 右上3针并1针完成。

左上3针并1针

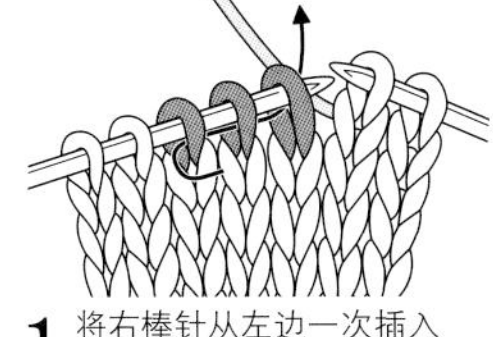

1 将右棒针从左边一次插入3个针目里。

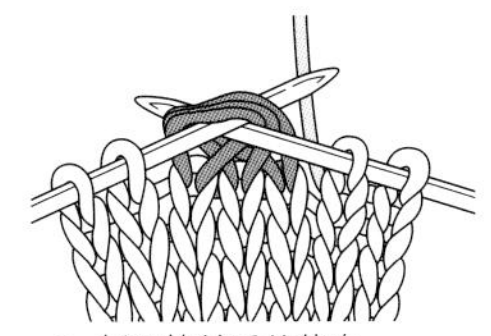

2 插入棒针后的状态。

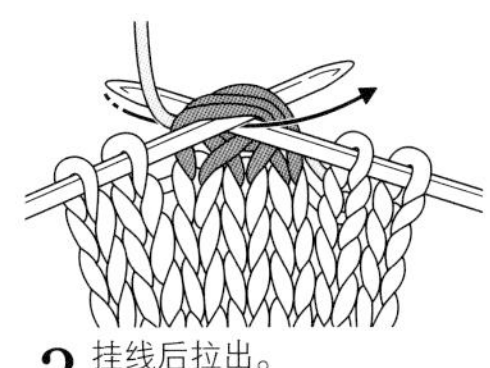

3 挂线后拉出。

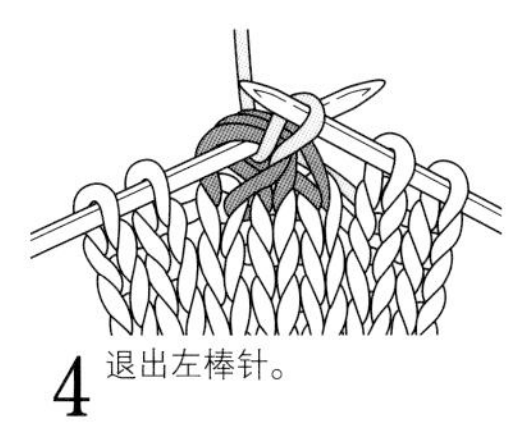

4 退出左棒针。

5 左上3针并1针完成。

右上2针交叉

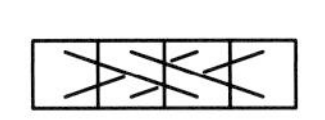

※即使针数和编织方法不同，基本要领是一样的。

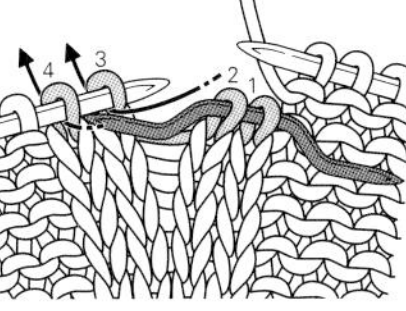

1 将右边的2针移至麻花针上，放在前面备用。

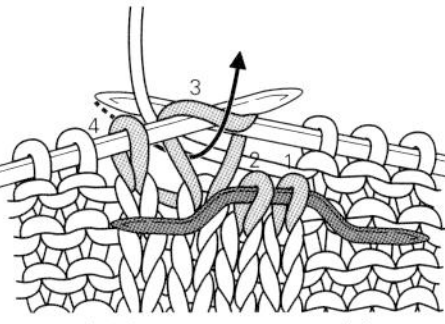

2 在针目3、4里织下针。

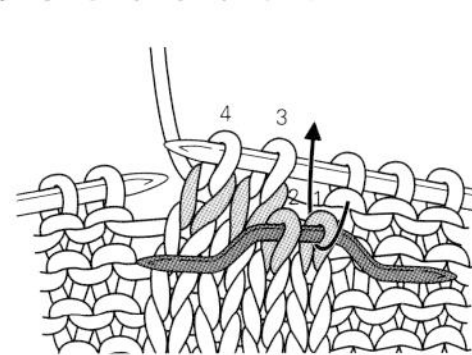

3 在休针备用的麻花针上的针目1里，如箭头所示插入右棒针。

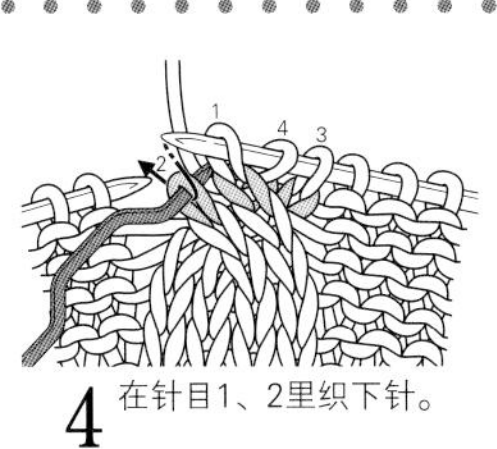

4 在针目1、2里织下针。

5 右上2针交叉完成。

左上2针交叉

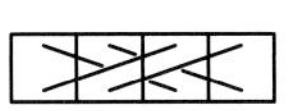

※即使针数和编织方法不同，基本要领是一样的。

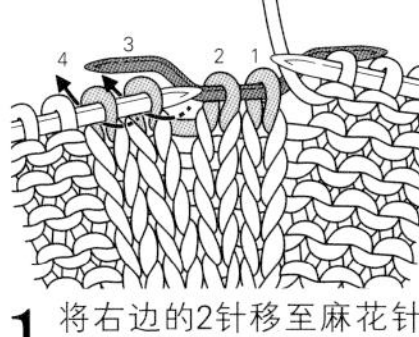

1 将右边的2针移至麻花针上，放在后面备用。

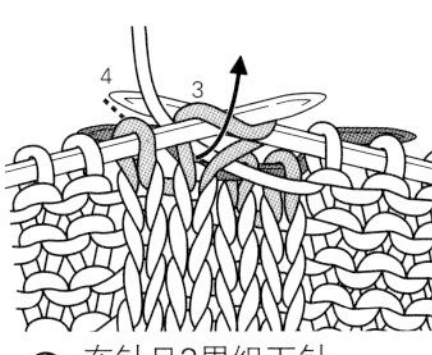

2 在针目3里织下针。

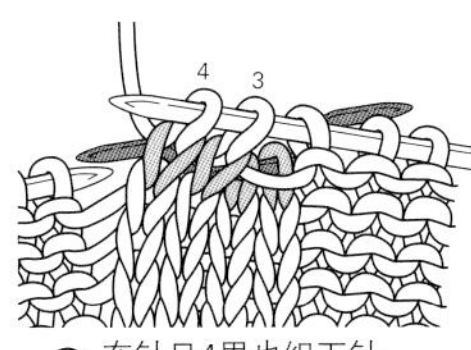

3 在针目4里也织下针。

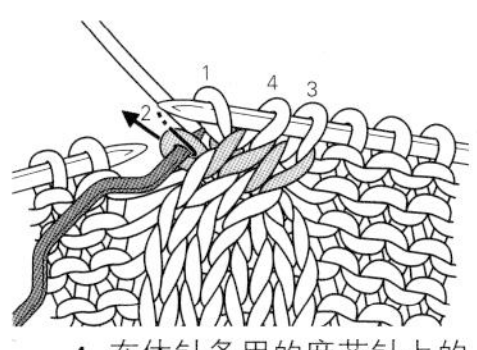

4 在休针备用的麻花针上的针目1、2里织下针。

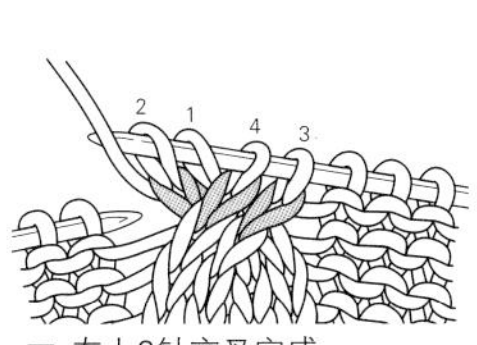

5 左上2针交叉完成。

右上2针与1针的交叉（下侧为上针）

※即使针数和编织方法不同，基本要领是一样的。

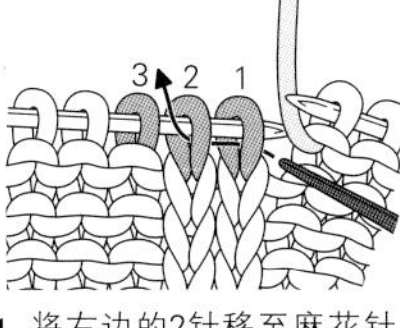

1 将右边的2针移至麻花针上。

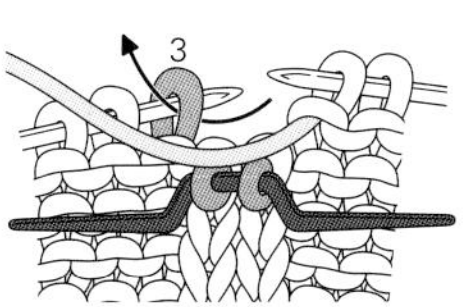

2 将移至麻花针上的针目放在前面备用，在针目3里织上针。

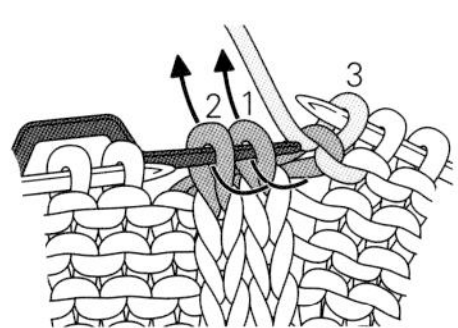

3 在麻花针上的2个针目里织下针。

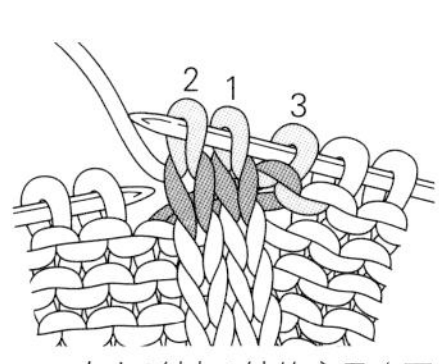

4 右上2针与1针的交叉（下侧为上针）完成。

伏针收针

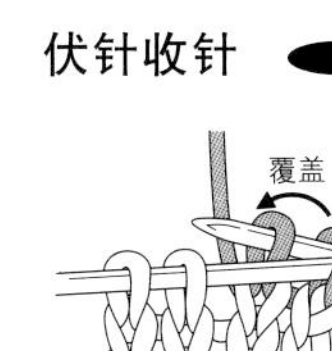

编织2针，用左棒针的针头挑起前一针覆盖至后一针上。重复“编织下一针，挑起前一针覆盖”。

左上2针与1针的交叉（下侧为上针）

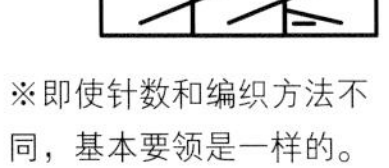

※即使针数和编织方法不同，基本要领是一样的。

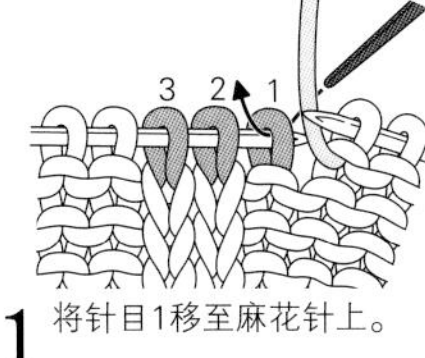

1 将针目1移至麻花针上。

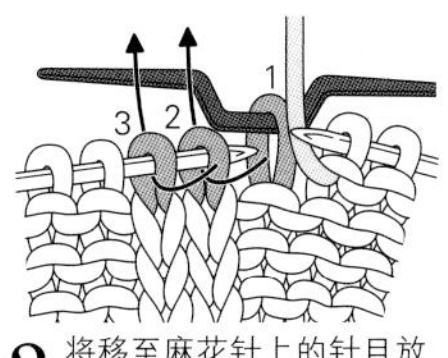

2 将移至麻花针上的针目放在后面备用，在针目2、3里织下针。

3 在麻花针上的针目里织上针。

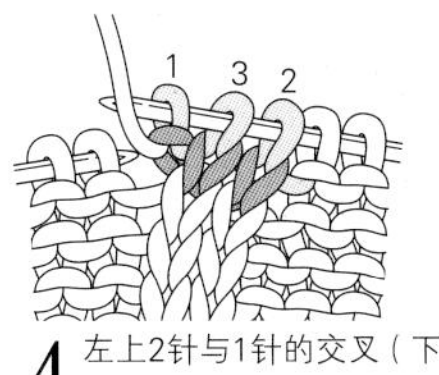

4 左上2针与1针的交叉（下侧为上针）完成。

右上扭针的1针交叉（下侧为上针）

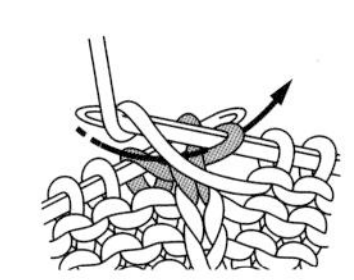

1 如箭头所示，从右边针目的后面将右棒针插入左边的针目。

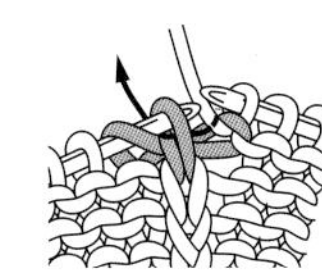

2 将针目拉出至右边针目的右侧，织上针。

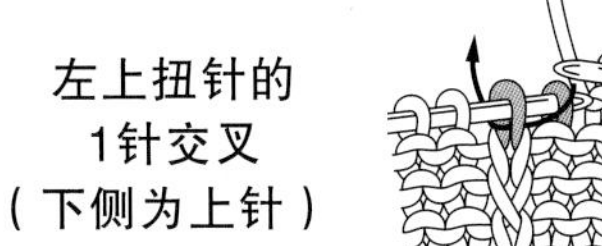

3 紧接着如箭头所示在右边针目里插入右棒针，织下针。

左上扭针的1针交叉（下侧为上针）

1 如箭头所示，从右边针目的前面将右棒针插入左边的针目。

2 将针目拉出至右边针目的右侧，织下针。

3 将线挂到棒针前，直接在右边的针目里织上针。

p.3
一字领直编式套头衫

材料与工具
后正产业 Grandir 栗色（06）460g
棒针10号、8号，钩针7/0号

成品尺寸
胸围120cm，衣长50cm，连肩袖长62.5cm

编织密度
10cm×10cm面积内：
双罗纹针 19.5针，23行；
扭针的单罗纹针 28针，21行；
上针编织 16针，21行；
编织花样A 22.5针，21行；
编织花样B 20针，21行

制作要点
●手指挂线起针，前、后身片从胁部开始编织，袖子从袖下开始编织，结束时均做伏针收针。前身片按后身片的要领编织，左袖与右袖也按相同要领编织。
●肩部做挑针缝合，袖子与身片之间做针与行的接合。两侧胁部正面朝外对齐后，用7/0号钩针从正面做引拔接合。袖下正面相对做引拔接合。

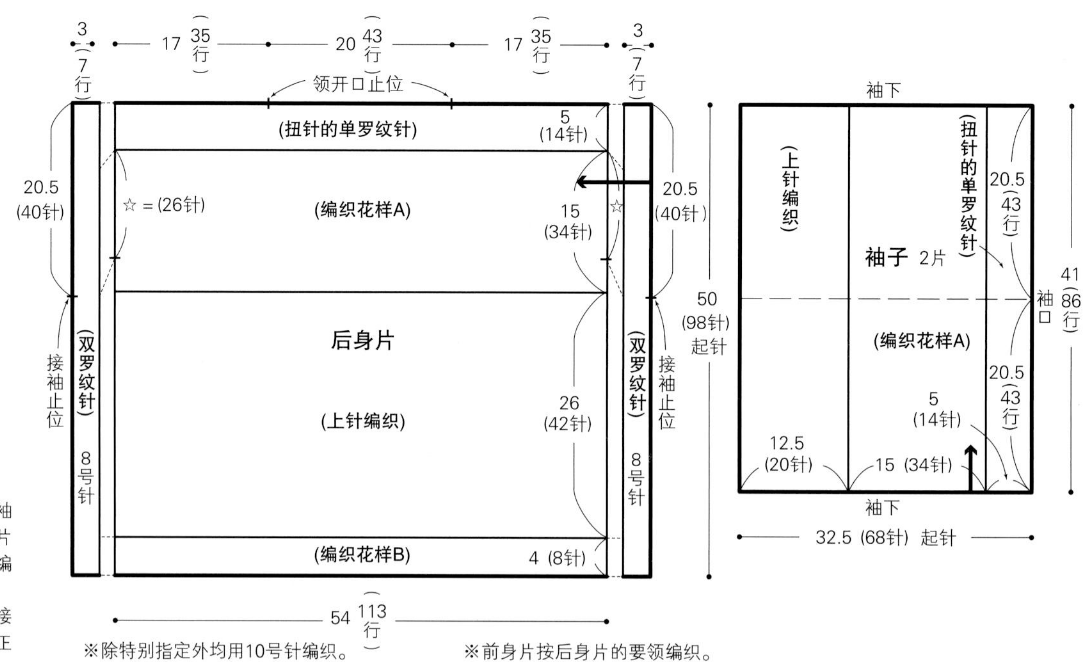

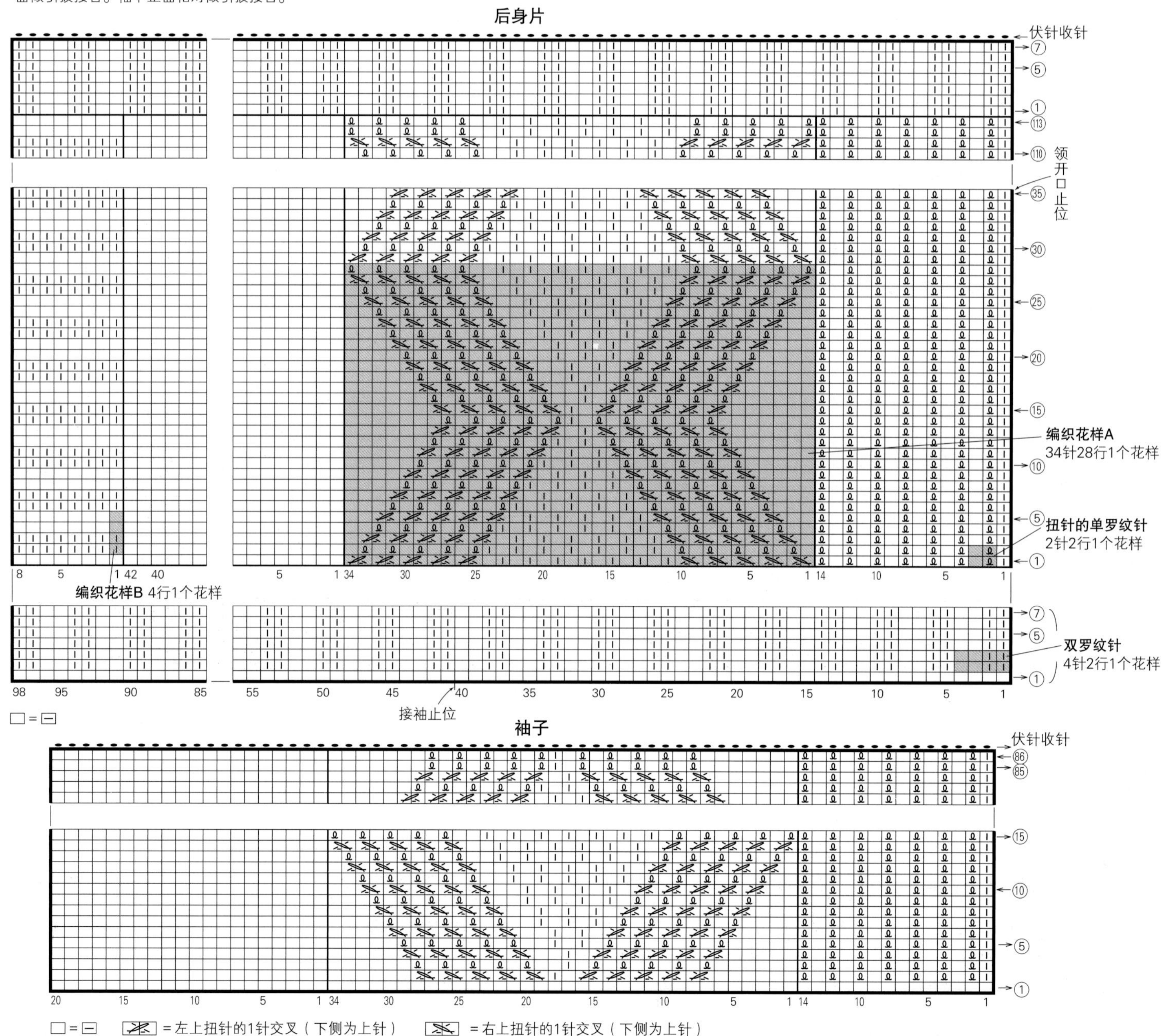

□=⊟ = 左上扭针的1针交叉（下侧为上针） = 右上扭针的1针交叉（下侧为上针）

p.4
围脖

材料与工具
后正产业 Grandir 橄榄绿色（09）125g
[同款不同色：后正产业　Grandir　白色（11）125g]
棒针6号、8号，钩针6/0号

成品尺寸
颈围60cm，宽27cm

编织密度
10cm×10cm面积内：编织花样22针，26.5行

制作要点
●用手指挂线起针法起 132 针，连接成环形后按起伏针、编织花样、起伏针的顺序编织。结束时做上针的伏针收针。

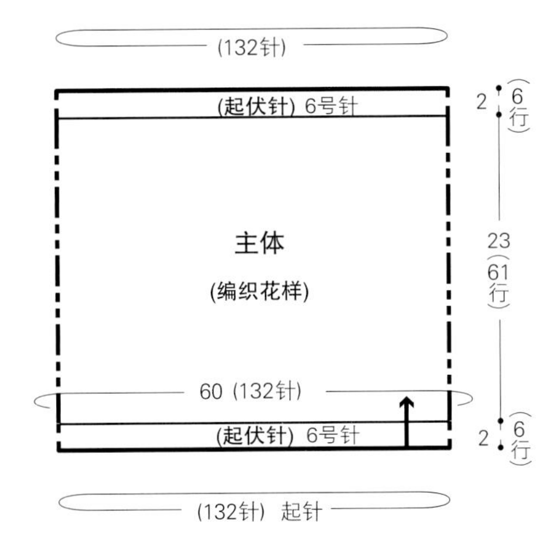

※除特别指定外均用8号针编织。

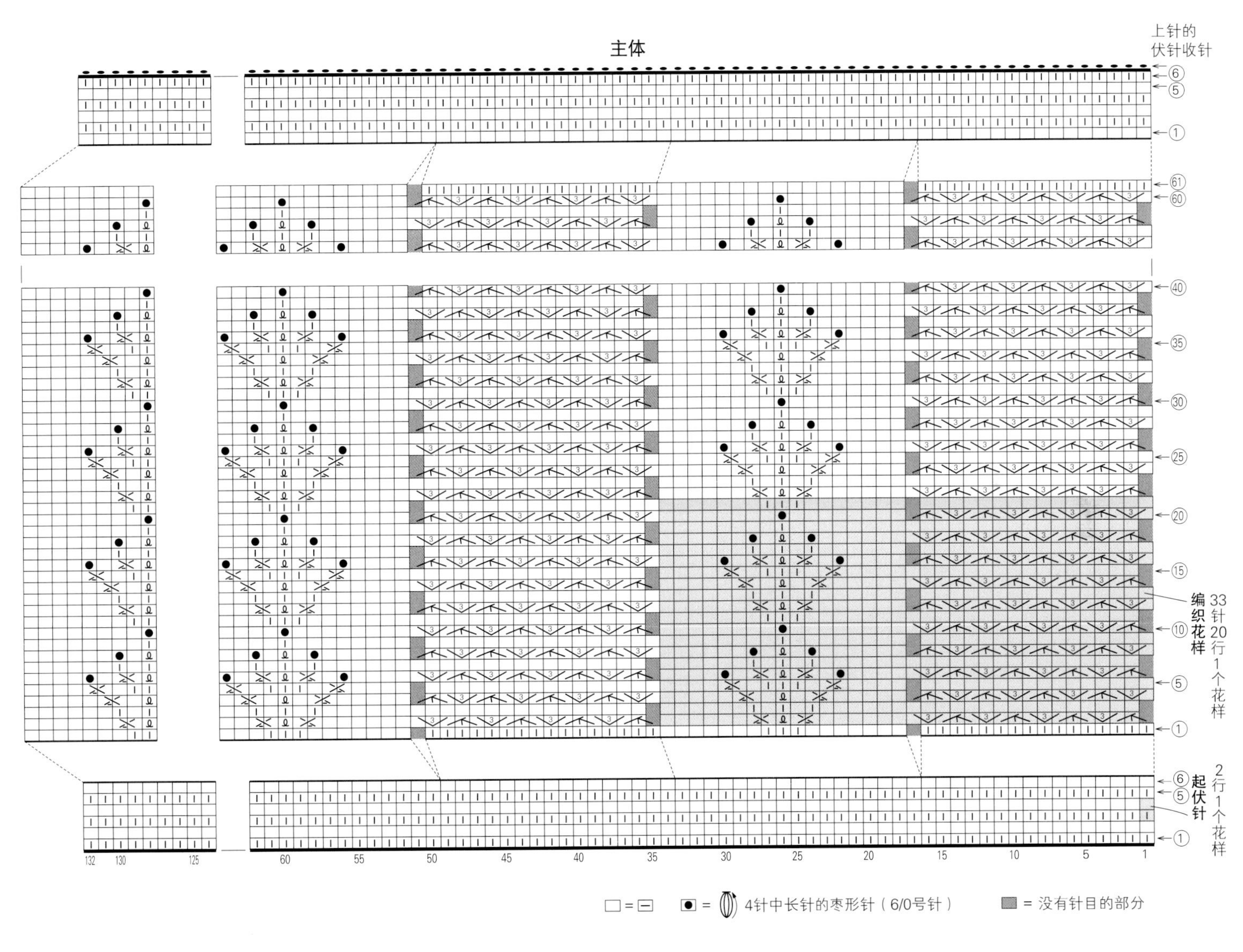

1针放3针的加针

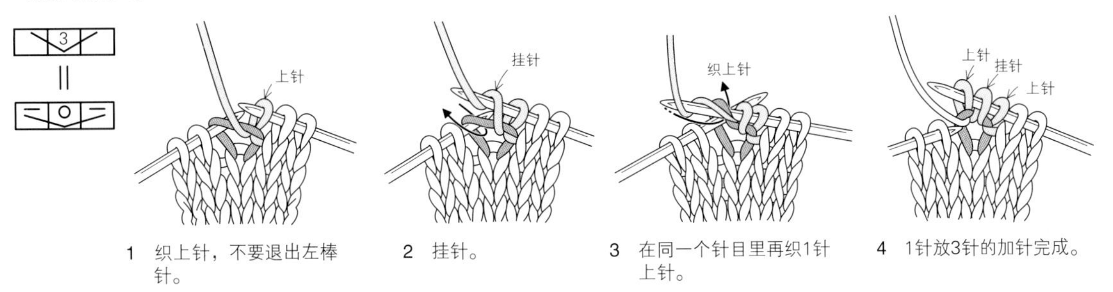

1　织上针，不要退出左棒针。
2　挂针。
3　在同一个针目里再织1针上针。
4　1针放3针的加针完成。

p.5
简约风背心

材料与工具
后正产业 Soft Merino 海军蓝色（10）315g
棒针7号、5号

成品尺寸
胸围100cm，衣长59.5cm，连肩袖长26cm

编织密度
10cm×10cm面积内：编织花样22.5针，29行

制作要点
●前、后身片均用手指挂线起针法起 113 针，接着按单罗纹针和编织花样的顺序编织。注意前、后身片开衩部分的行数不同。
●肩部做盖针接合。
●袖口编织单罗纹针，结束时与前一行织相同的针目做伏针收针。
●肋部和袖口侧缝分别做挑针缝合，注意肋部开衩止位以下部分无须缝合。
●领口部分前、后身片连起来做伏针收针。

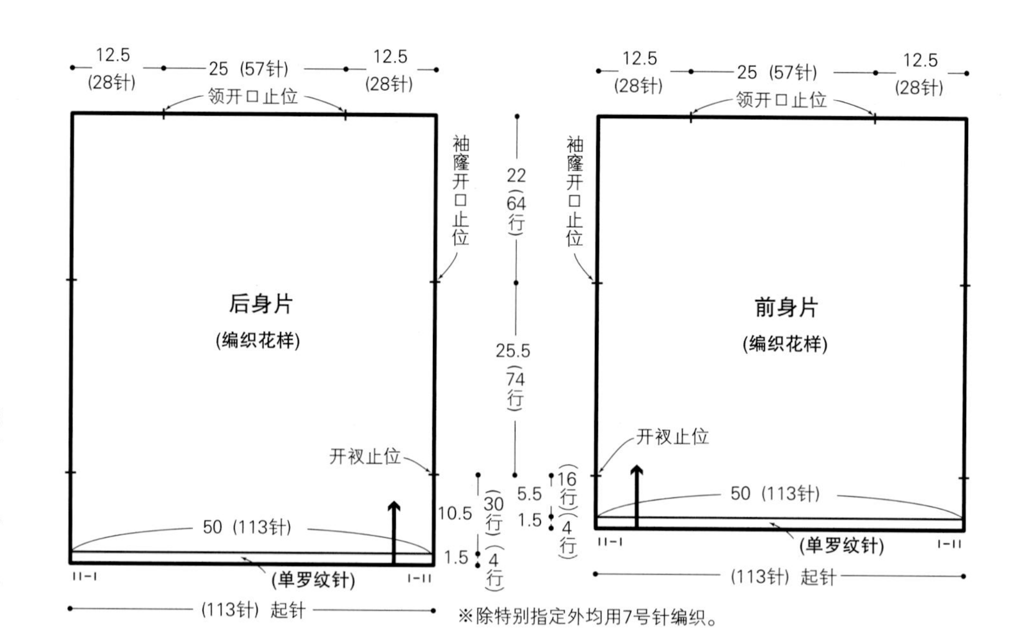

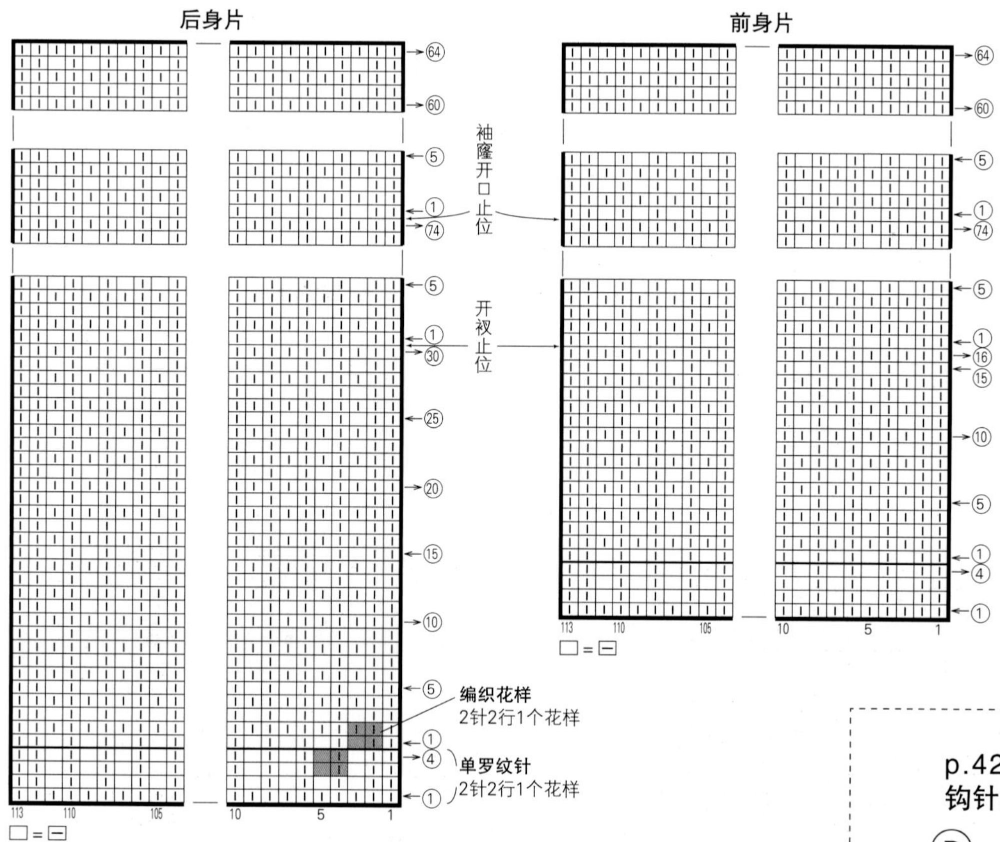

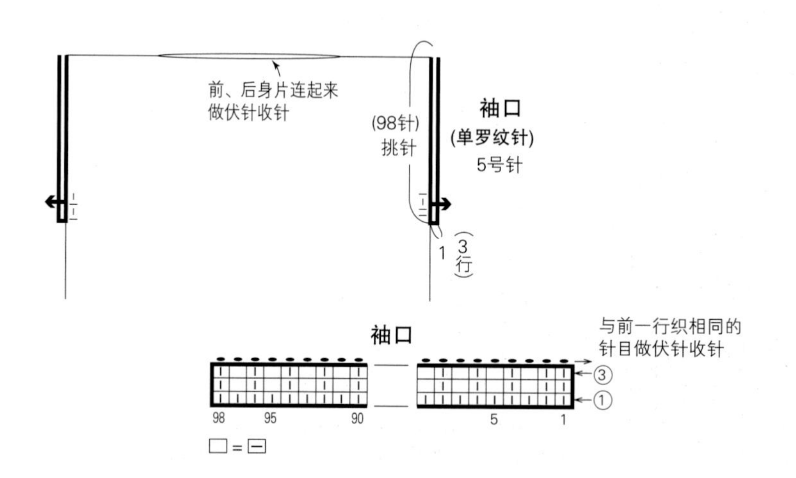

p.42
钩针编织的麻花花样

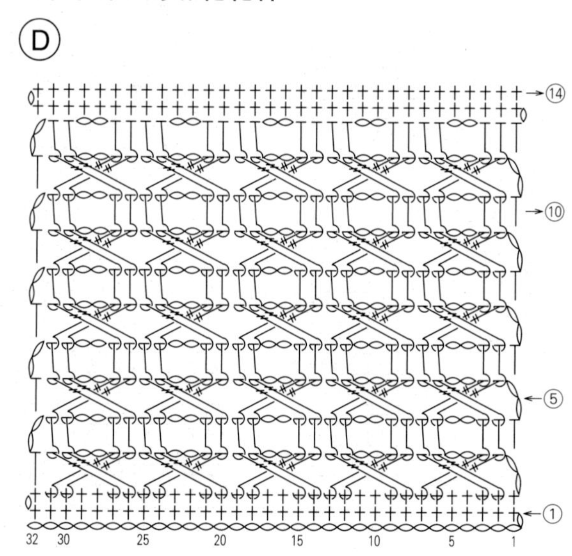

p.8
配色编织的手提包

材料与工具
后正产业 Soft Merino 翠蓝色（15）100g，象牙白色（1）55g，酒红色（8）10g
[同款不同色：后正产业 Soft Merino 芥末黄色（18）100g，象牙白色（1）55g，翠蓝色（15）10g]
12cm×102cm的布2块，直径2mm的细绳110cm×2条
钩针6/0号

成品尺寸
宽40cm，高25cm

编织密度
10cm×10cm面积内：配色花样25针，22行

制作要点
●用翠蓝色线钩200针锁针起针，连接成环形后按配色花样钩织48圈。从第2圈开始，在前一圈针目的前面1根线里挑针钩短针。
●钩织用于穿绳的线圈，一侧48个，一共96个线圈。
●用布缝制2条提手，然后缝在主体上。
●在线圈中穿入2条细绳，分别在细绳的4个末端打一个结。

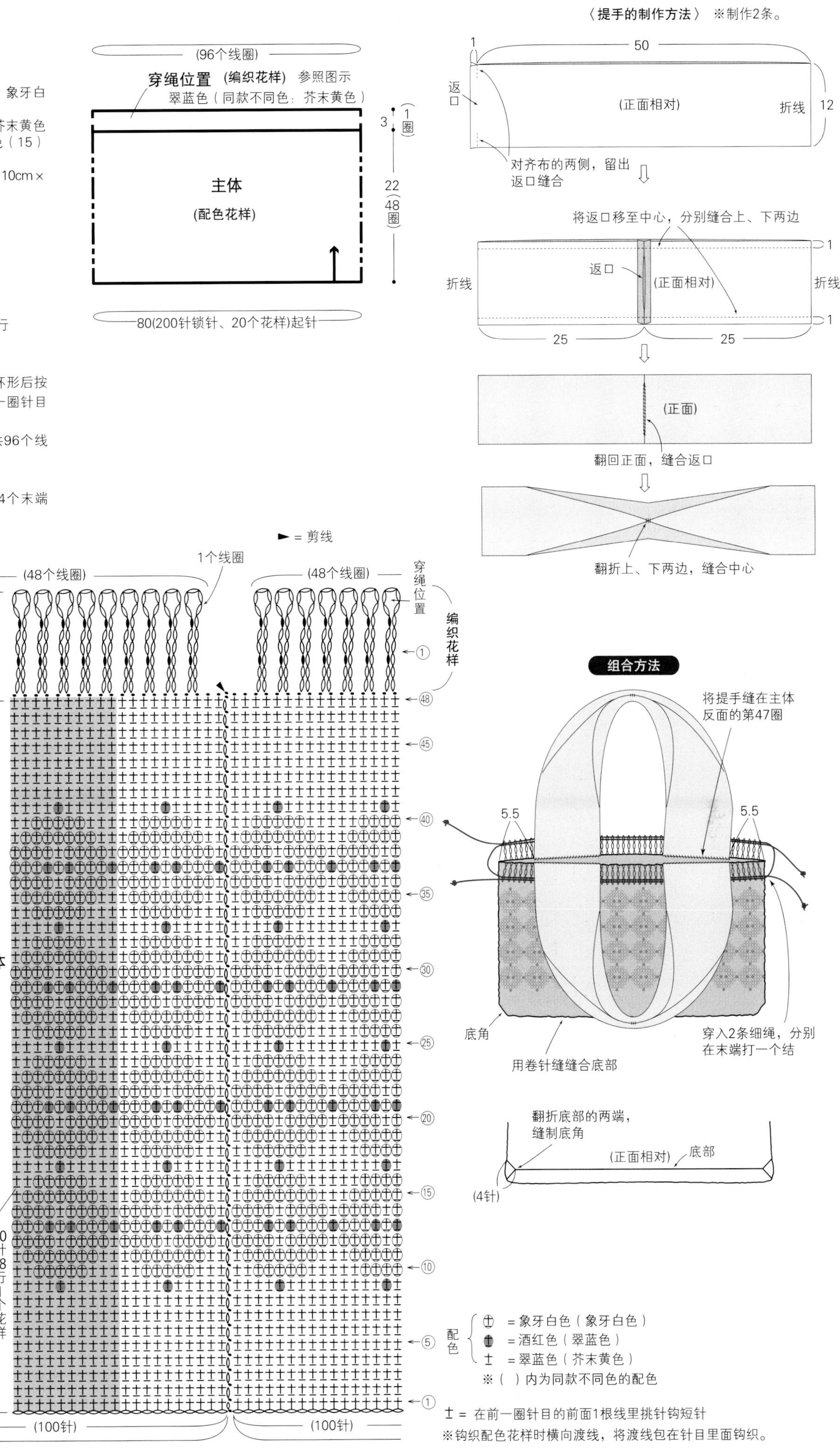

p.6
多用途斗篷

材料与工具
后正产业 Soupir Wool 青灰色（08）340g
直径2cm、2.5cm的纽扣各1颗
棒针11号，钩针8/0号

成品尺寸
长101cm，宽39cm

编织密度
10cm×10cm面积内：编织花样15.5针，18行

制作要点
- ●全部用 2 根线编织。
- ●用手指挂线起针法起 154 针，按编织花样编织 66 行后做伏针收针。
- ●在四边环形钩织 1 圈短针。
- ●分别在 2 处钩织纽襻，缝上纽扣。

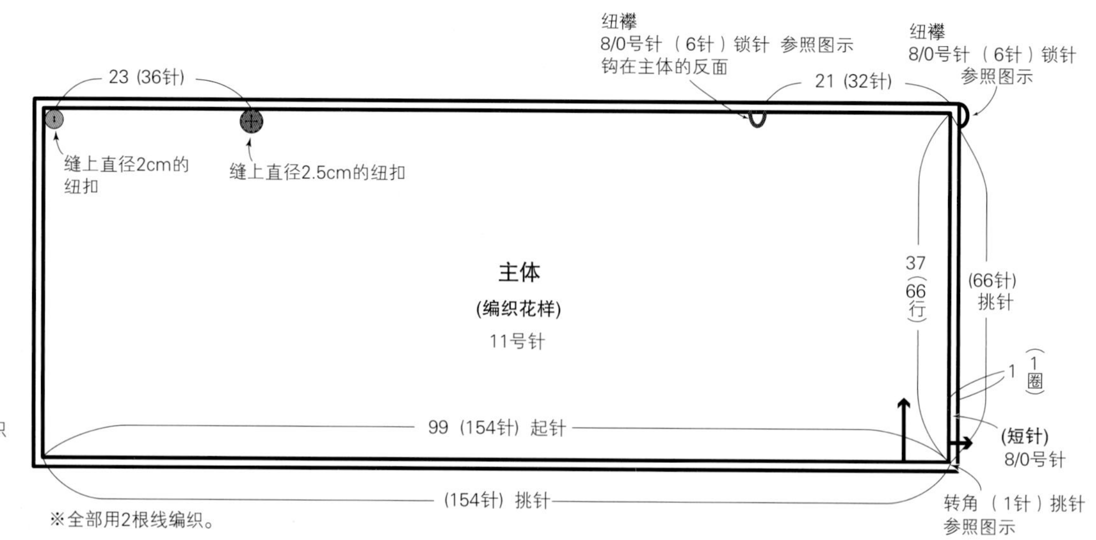

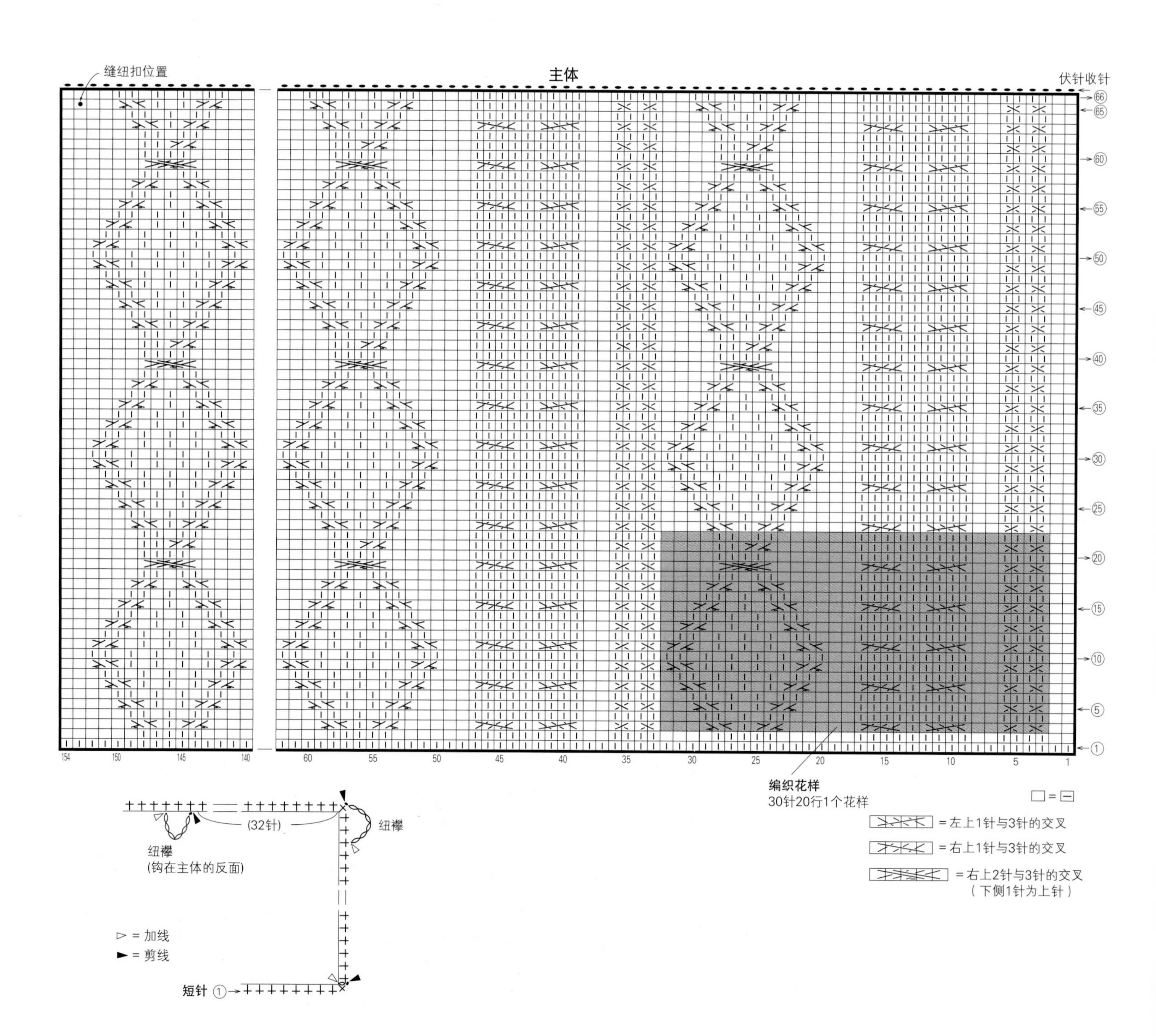

p.10
编织帽

材料与工具
后正产业 Basic极粗 浅灰白色（2）60g，绛紫色（9）35g
棒针15号

成品尺寸
头围52cm，帽深22.5cm

编织密度
10cm×10cm面积内：配色花样、编织花样均为14针，20行

制作要点
●用绛紫色线手指挂线起针，起72针，连接成环形后编织6圈双罗纹针。
●用绛紫色线和浅灰白色线按配色花样横向渡线编织16圈，再用浅灰白色线按编织花样编织22圈。
●结束时做伏针收针，每隔6针在12处穿线后收紧。

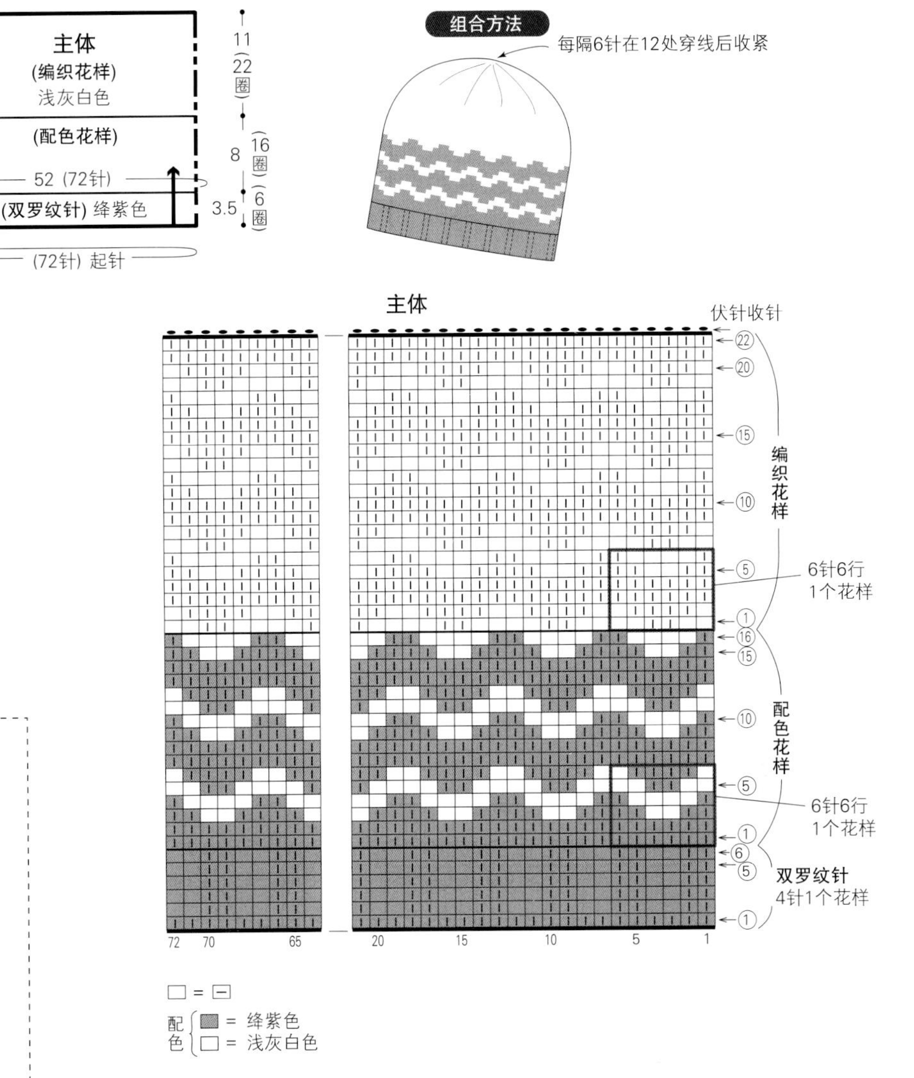

卷针

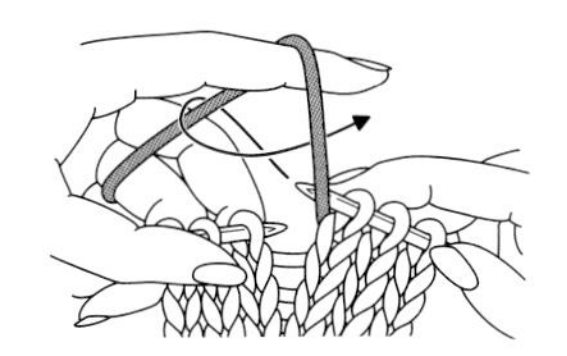

1 如箭头所示转动右棒针绕线。

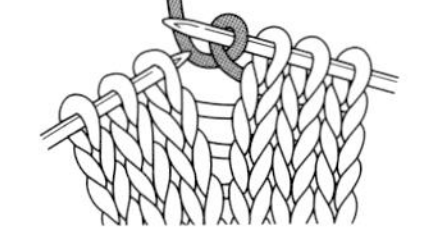

2 卷针完成。

p.6
半指手套

材料与工具
后正产业 HANA MERINO 浅灰色（09）35g
[同款不同色：后正产业 HANA MERINO 红豆色（02）35g]
棒针8号

成品尺寸
掌围16cm，长20cm

编织密度
10cm×10cm面积内：编织花样19针，25行；扭针的单罗纹针26针，25行

制作要点
●手指挂线起针后连接成环形，按编织花样和扭针的单罗纹针编织。
●在第30圈指定位置织7针伏针，制作拇指洞。第31圈在伏针位置织卷针加针。继续编织至第50圈。
●结束时与前一圈织相同的针目做伏针收针。

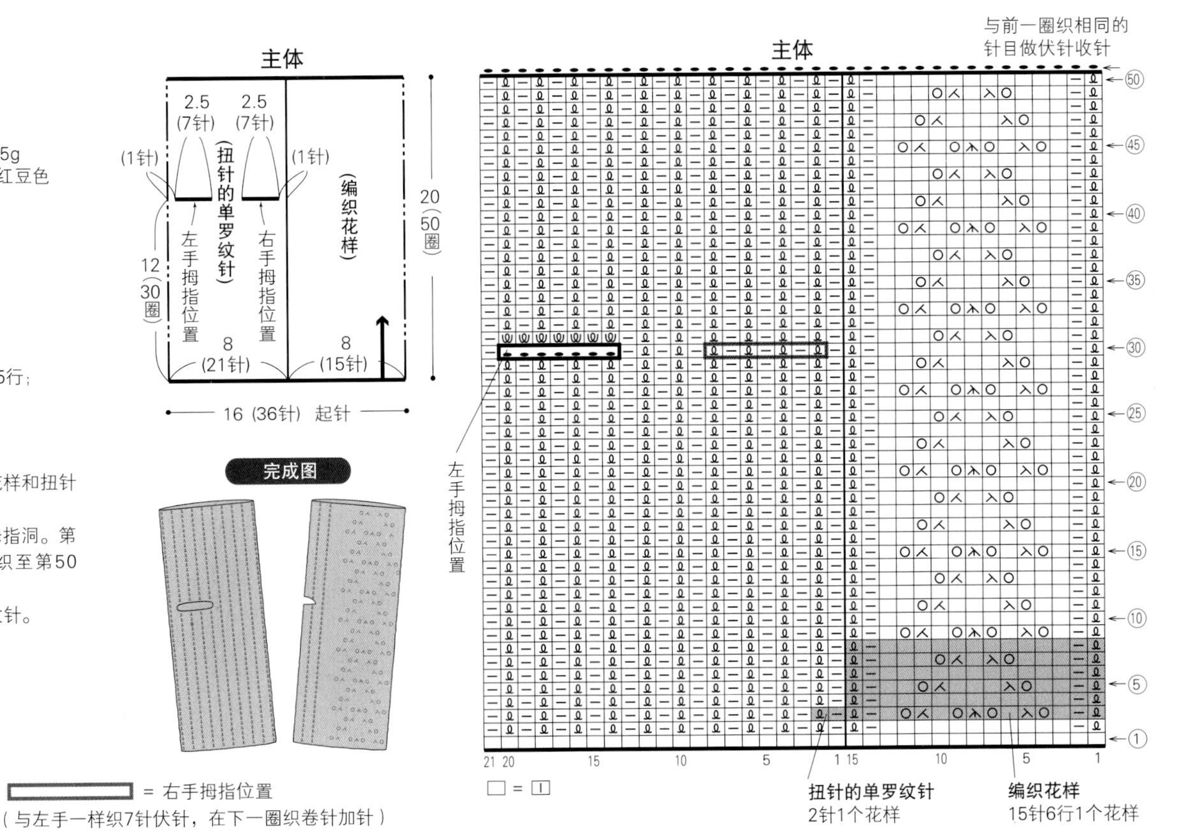

p.9
对襟开衫

材料与工具

后正产业 La Provence系列 rover -colors- 暖橘色（13）530g
直径2.5cm的纽扣 2颗
棒针12号

成品尺寸

胸围102cm，衣长54cm，连肩袖长67.5cm

编织密度

10cm×10cm面积内：
编织花样A 17针，20行；
编织花样B 15针，20行；
双罗纹针 19.5针，20行

制作要点

●前、后身片均为手指挂线起针后开始编织。后身片按双罗纹针和编织花样A编织，后领口一边减针一边做伏针收针。
●前身片按编织花样B、双罗纹针、编织花样A编织。右前身片留出扣眼，结束时只在编织花样B部分做伏针收针。
●肩部做盖针接合。
●袖子从前、后身片挑针，按双罗纹针编织54行。减至38针后编织单罗纹针，结束时与前一行织相同的针目做伏针收针。
●胁部和袖下分别做挑针缝合。

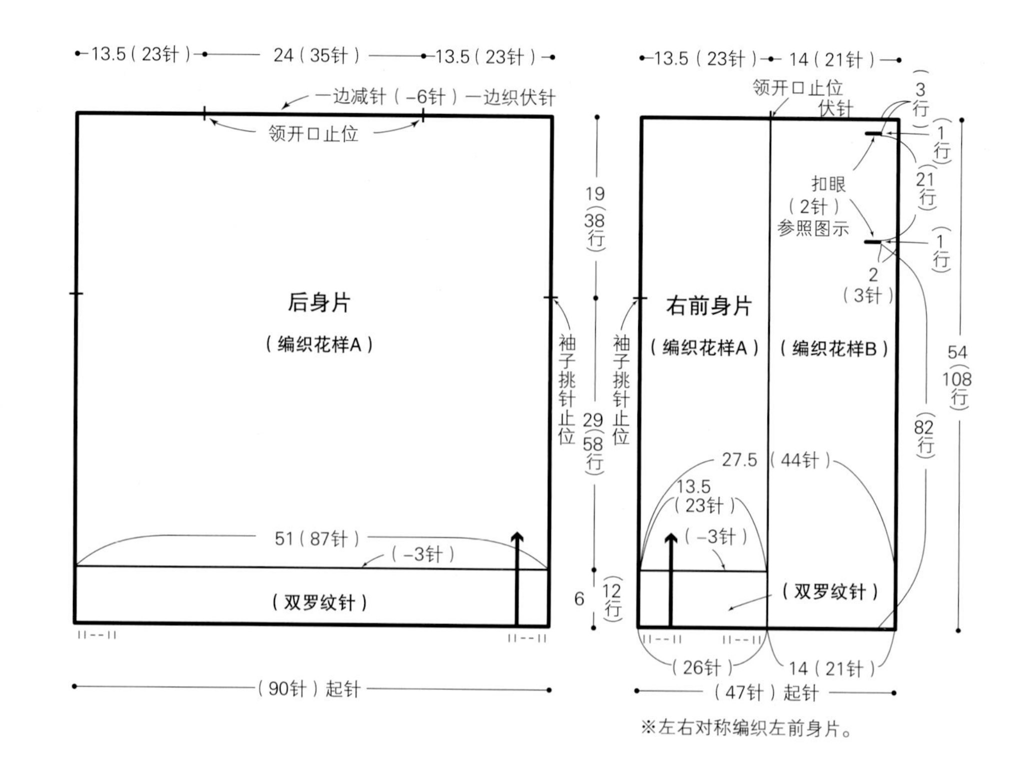

※左右对称编织左前身片。

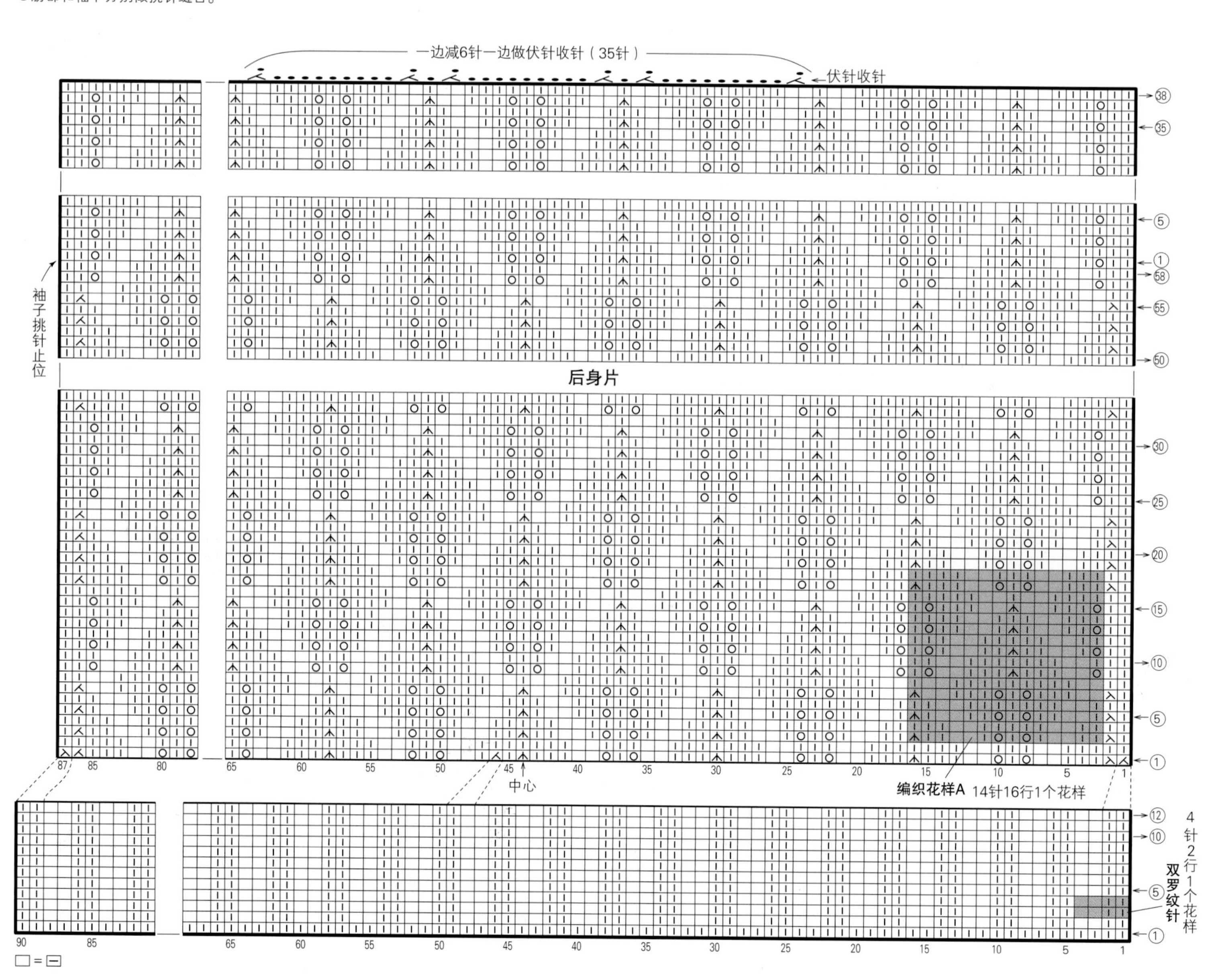

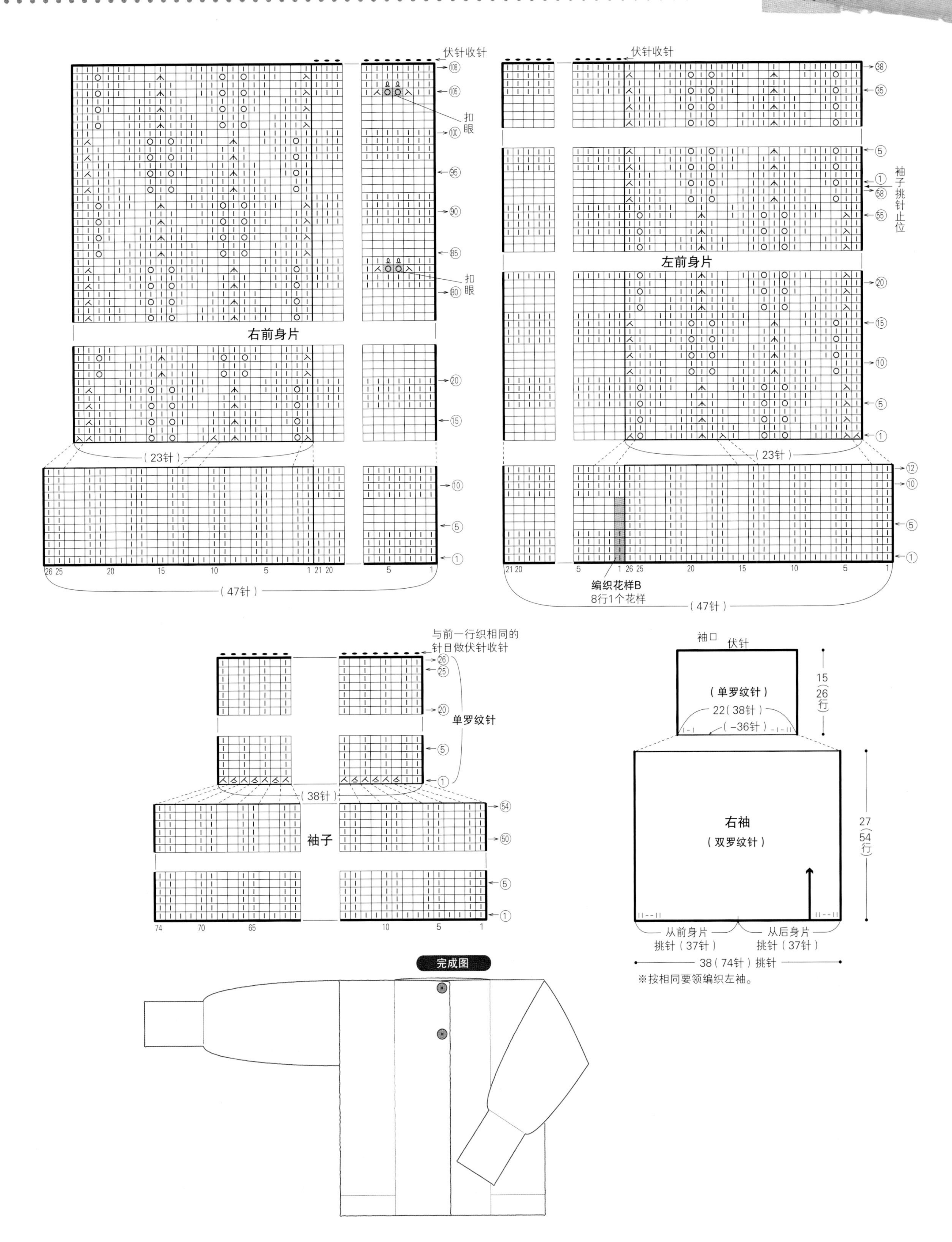

伏针收针
扣眼
右前身片
(23针)
(47针)
左前身片
袖子挑针止位
编织花样B
8行1个花样
与前一行织相同的针目做伏针收针
单罗纹针
(38针)
袖子
袖口
伏针
15(26行)
(单罗纹针)
22(38针)
(-36针)
右袖
(双罗纹针)
27(54行)
从前身片挑针(37针)
从后身片挑针(37针)
38(74针)挑针
※按相同要领编织左袖。
完成图

p.14
围巾

材料与工具

ISAGER ALPACA2 深灰蓝色（16）100g，姜黄色（40）45g，灰绿色（46）30g

[同款不同色：ISAGER ALPACA2 姜黄色（40）165g]

钩针 3/0 号

成品尺寸

宽 13cm，长 112cm

编织密度

花片 直径 4.3cm

制作要点

●花片钩5针锁针连接成环形后开始钩织。参照图示一边更换配色一边钩8圈。钩第2圈的短针时，将前一圈针目倒向前面，在起针的锁针里挑针钩织。钩第4圈的短针时，将前一圈针目倒向前面，在第2圈锁针的针目与针目之间插入钩针钩织。第7圈的短针按相同要领在第4圈的锁针里挑针钩织。

●第2个花片按第1个花片的要领钩8圈，并在第8圈一边与相邻的花片连接一边继续钩织。

●参照图示一共钩织并连接75片花片。

花片的配色表

圈数	颜色
第8圈	姜黄色
第5~7圈	深灰蓝色
第3、4圈	灰绿色
起针，第1、2圈	姜黄色

▷ = 加线

► = 剪线

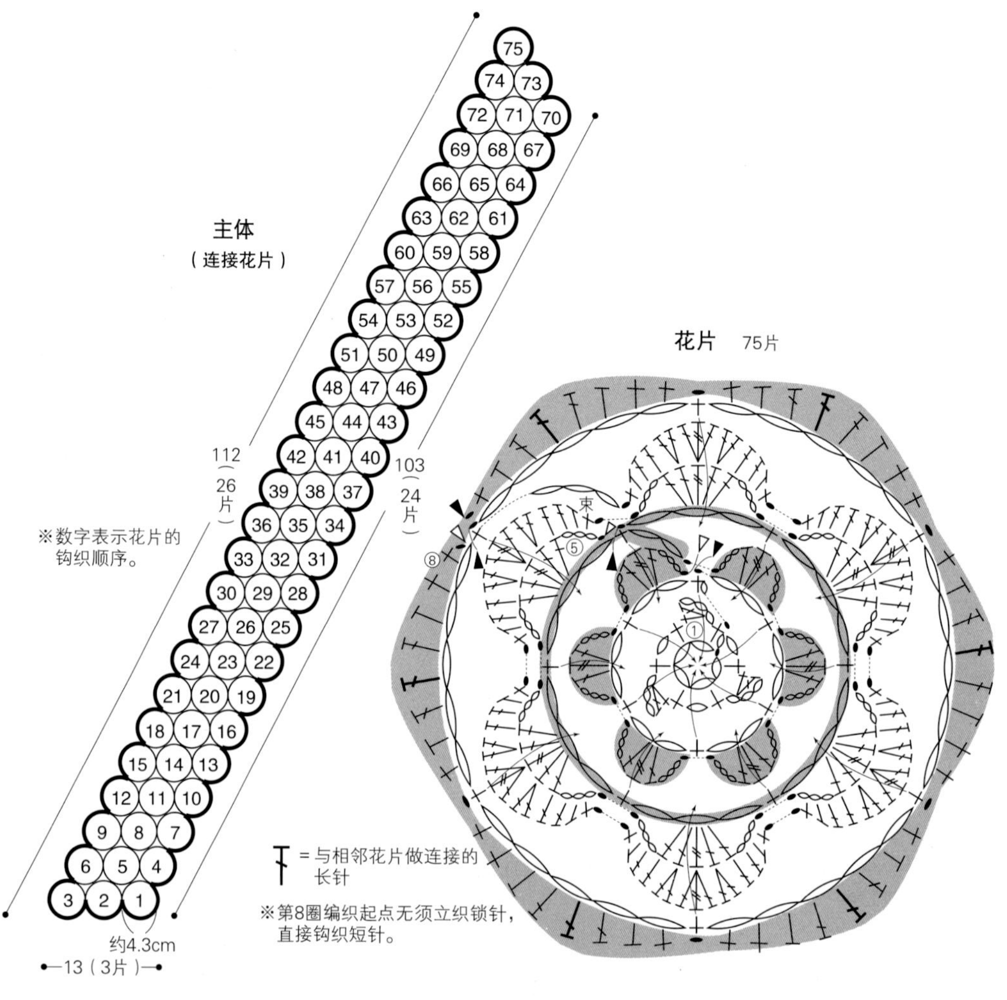

※钩织至连接位置的长针前，暂时取下钩针。在待连接花片针目的头部插入钩针，拉出刚才取下的针目连接后继续钩织。

p.15
可作罩裙的披肩

材料与工具

HOBBYRA HOBBYRE Wool Sweet 灰色（23）130g，Roving Ruru 混染（28）140g

宽 1.2cm 的平绒缎带（深棕色）140cm

钩针 6/0 号

成品尺寸

周长 99cm，宽 40.5cm

编织密度

花片 直径 4.5cm

制作要点

●花片用Roving Ruru线环形起针后，参照图示钩织1圈。按此要领一共钩织220片花片。将花片的反面用作正面，接着用Wool Sweet线一边钩织第2圈一边将花片1~22连接成环形。接下来参照图示连接花片23~44，按相同要领每排22片花片，一共钩织并连接10排220片花片。

●参照图示钩织4圈的边缘编织A和1圈的边缘编织B。

●将缎带穿在边缘编织A的第3圈。

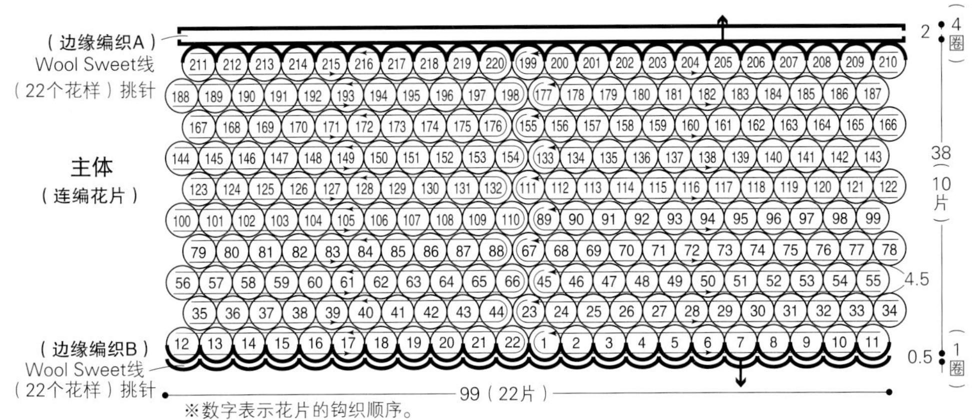

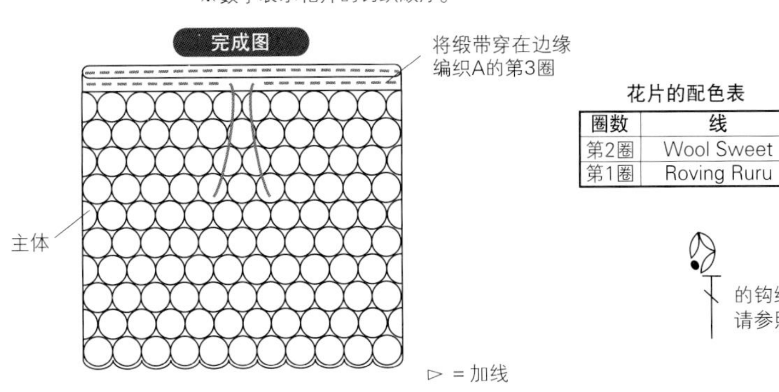

花片的配色表

圈数	线
第2圈	Wool Sweet
第1圈	Roving Ruru

的钩织方法请参照p.87

花片 第1圈

220片

环

①

※将反面用作正面。

p.16
收纳包

材料与工具

和麻纳卡 Amerry 茶色（23）30g，淡蓝色（15）5g；Alpaca Mohair Fine 米色（2）10g

20cm 长的拉链 1 条

钩针 5/0 号

成品尺寸

宽 14cm，高 8.5cm

制作要点

●外层的连编花片用淡蓝色线环形起针后开始钩织。先分别钩织12片花片的第1圈备用。接着，参照图示用米色线一边钩织第2圈和第3圈，一边将6片花片连接起来。再钩1行短针。

●内层钩31针锁针起针，接着钩22行短针。

●侧面钩104针锁针起针，参照图示按短针条纹花样钩织10行，注意中途缝拉链位置的钩织方法。

●参照组合方法缝合各部分。

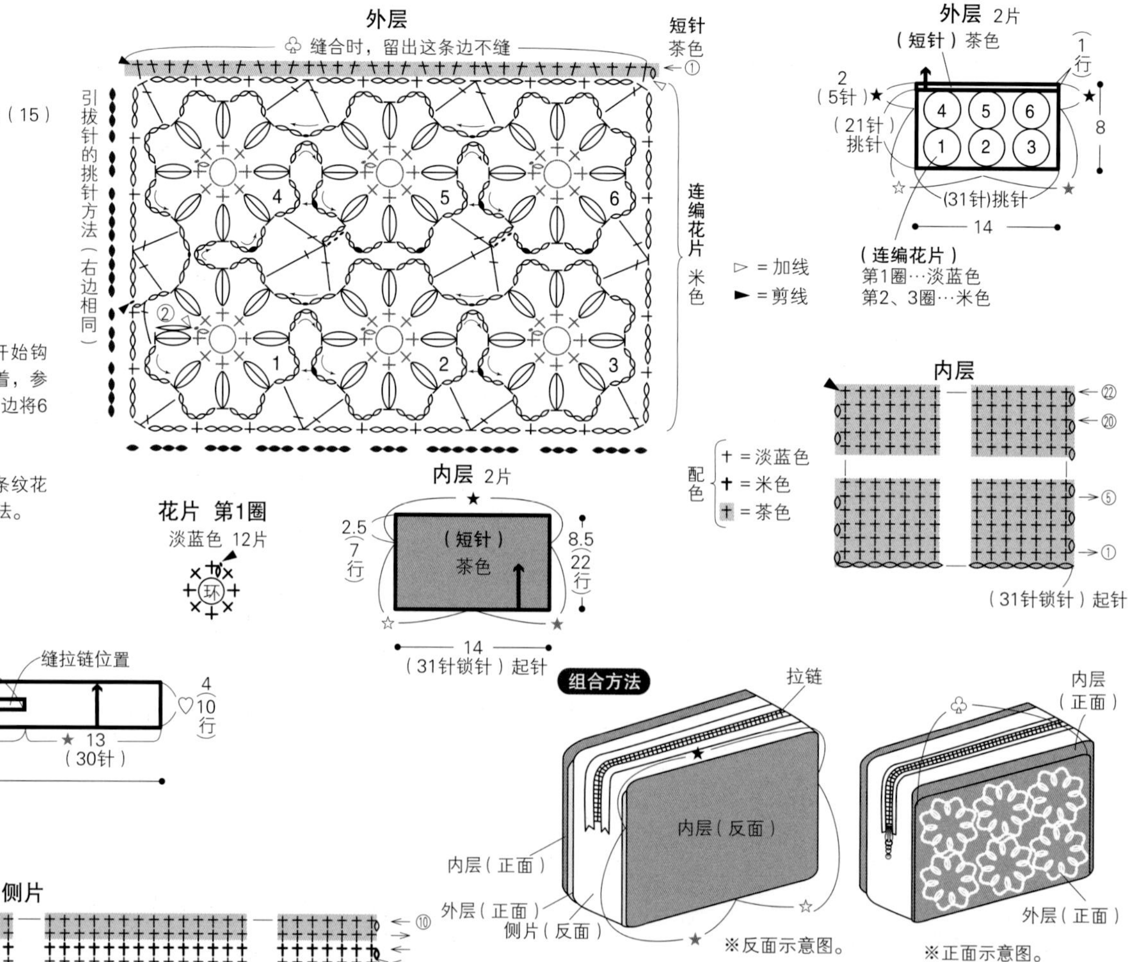

侧片 1片

（短针条纹花样）（45针）起针 缝拉链位置

♡ 4（10行）♡

☆13（29针） ★19（45针） ★13（30针）

45(104针锁针)起针

侧片

缝拉链位置

(29针) (45针) (30针)

（104针锁针）起针

①在侧片的缝拉链位置缝上拉链，然后对齐相合记号♡缝合成环形。

②将外层叠放在内层上，再与侧片正面相对，在3层织片针目的头部插入钩针，用茶色线钩引拔针接合。（外层只连接连编花片部分。引拔接合时，短针和长针是在针目头部插入钩针，锁针是整段挑针。）

p.16
手提包

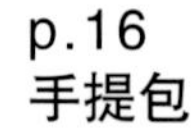

材料与工具

和麻纳卡 Alpaca Mohair Fine 米色（2）60g，姜黄色（14）20g，深蓝色（19）10g，茶色（18）5g

铝管口金（拱形，24cm）1个，里袋用布（黄色、浅米色各1块）宽110cm×30cm

钩针5/0号

成品尺寸

宽32cm，高22cm

编织密度

花片 直径4cm

制作要点

●主体的底部钩46针锁针起针后钩5行长针。接着钩织连编花片。

●钩织条纹花样。环形钩织6行后，一边减针一边钩织22行。提手部分一共挑取182针，按短针条纹花样钩织12行。

●用提手部分包住铝管口金，在第12行和第1行里钩引拔针接合。

●参照图示缝制里袋，放入主体内。然后与主体的袋口和提手做藏针缝。

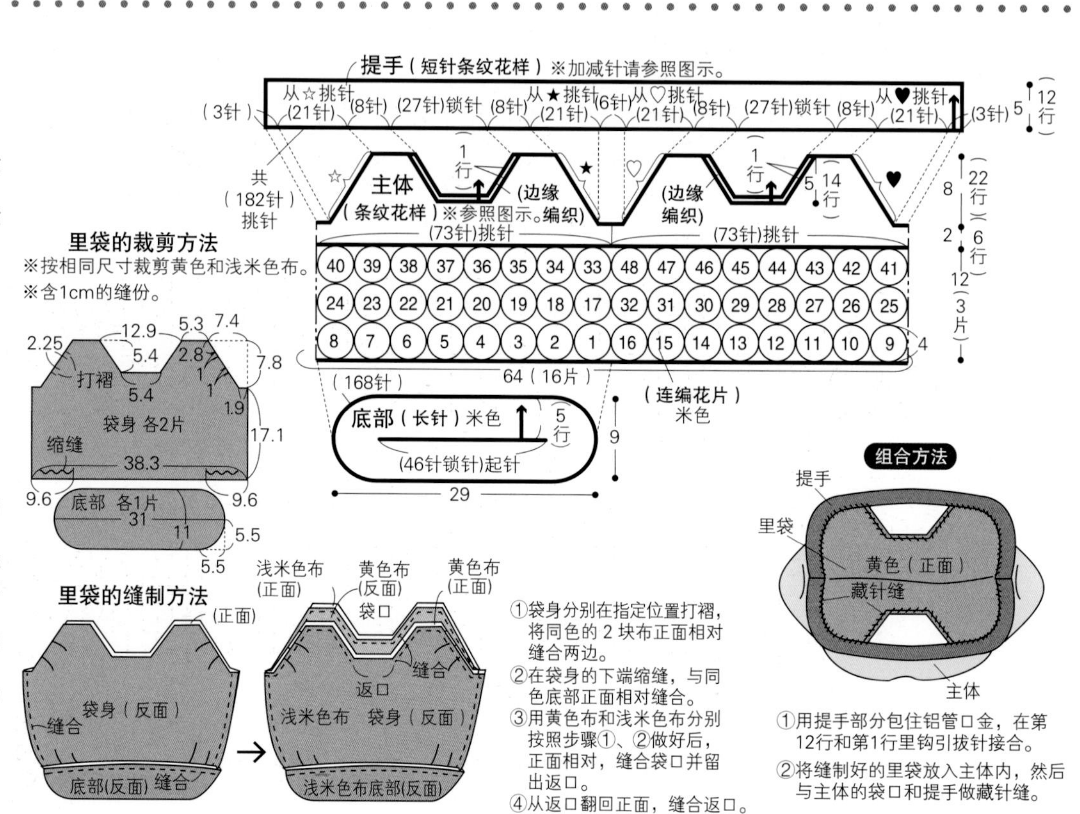

①袋身分别在指定位置打褶，将同色的 2 块布正面相对缝合两边。

②在袋身的下端缩缝，与同色底部正面相对缝合。

③用黄色布和浅米色布分别按照步骤①、②做好后，正面相对，缝合袋口并留出返口。

④从返口翻回正面，缝合返口。

①用提手部分包住铝管口金，在第12行和第1行里钩引拔针接合。

②将缝制好的里袋放入主体内，然后与主体的袋口和提手做藏针缝。

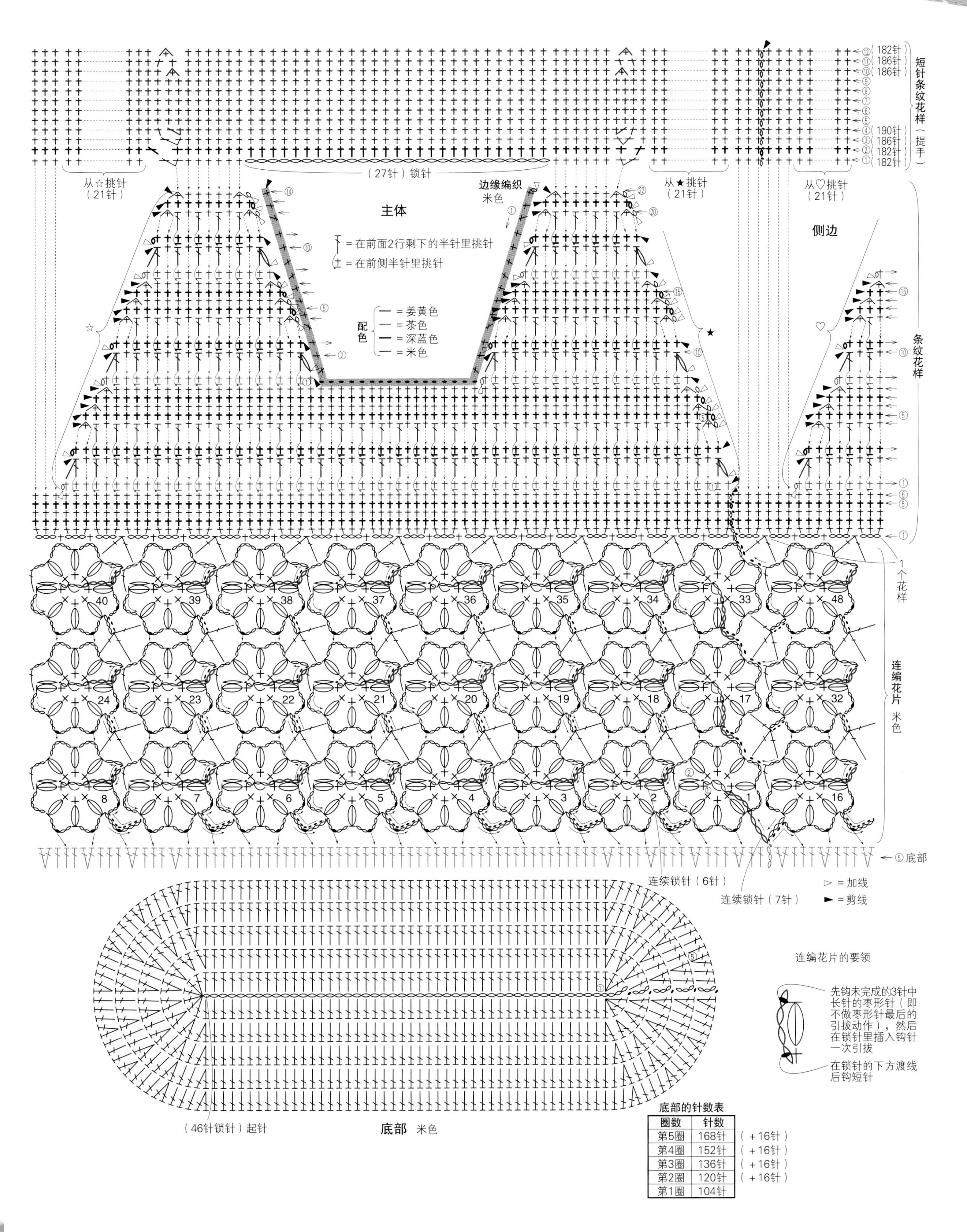

底部的针数表

圈数	针数	
第5圈	168针	（+16针）
第4圈	152针	（+16针）
第3圈	136针	（+16针）
第2圈	120针	（+16针）
第1圈	104针	

p.18
热水袋保温套

材料与工具

芭贝 Queen Anny 米色（955）125g，桃红色（109）40g，紫红色（897）30g，深棕色（831）20g，黄色（892）10g

钩针 6/0 号

成品尺寸

宽 23cm，高 30cm

制作要点

●花片a、b环形起针后参照图示配色钩织5圈，注意第3圈看着反面钩织。钩织指定数量的花片后再参照图示用卷针缝拼接。在袋口一侧按边缘编织钩织9圈。

●细绳用小圆球环形起针后参照图示钩织5圈。在最后一圈的针目里穿好线备用。

●参照图示钩织2条细绳。

●参照组合方法，在主体边缘编织的指定位置穿入细绳，再在细绳的两端缝上小圆球。

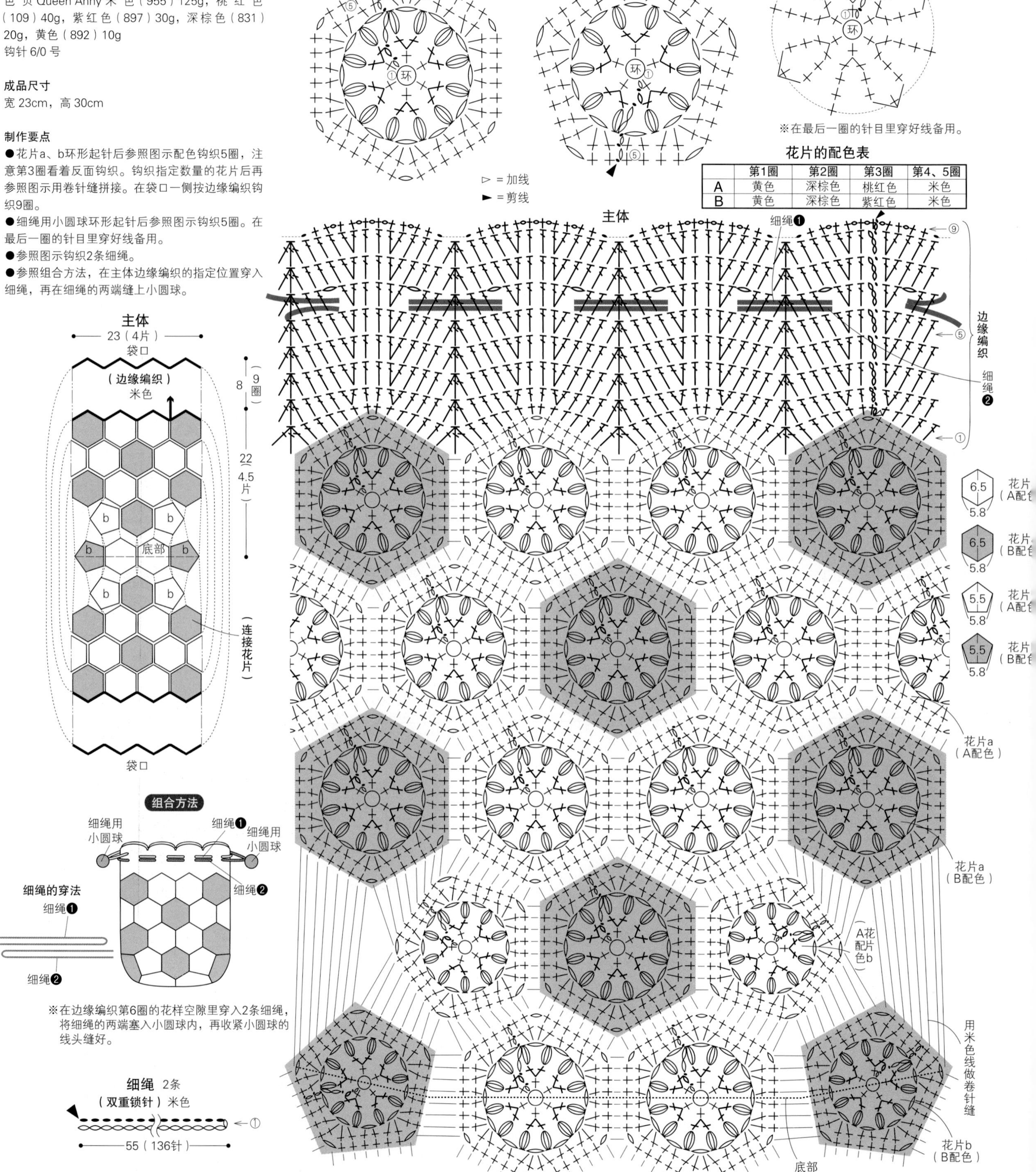

花片的配色表

	第1圈	第2圈	第3圈	第4、5圈
A	黄色	深棕色	桃红色	米色
B	黄色	深棕色	紫红色	米色

p.17
盖毯

材料与工具

Ski毛线 Tweed Tweed 浅粉色（6202）410g，原白色（6201）80g，砖红色（6210）40g，茶色（6205）、红色（6204）各30g，紫色（6203）25g
[同款不同色：Ski毛线 Tweed Tweed 原白色（6201）600g]
钩针7.5/0号

成品尺寸

长121cm，宽77cm

编织密度

花片大小：11cm×11cm

制作要点

●花片环形起针后参照图示配色钩织6圈。从第2片花片开始，按第1片花片的要领钩织6圈，并在第6圈与相邻花片连接。
●参照图示一共钩织并连接77片花片。

主体（连接花片）

77 C	76 B	75 A	74 E	73 D	72 C	71 B	70 A	69 E	68 D	67 C
66 A	65 E	64 D	63 C	62 B	61 A	60 E	59 D	58 C	57 B	56 A
55 D	54 C	53 B	52 A	51 E	50 D	49 C	48 B	47 A	46 E	45 D
44 B	43 A	42 E	41 D	40 C	39 B	38 A	37 E	36 D	35 C	34 B
33 E	32 D	31 C	30 B	29 A	28 E	27 D	26 C	25 B	24 A	23 E
22 C	21 B	20 A	19 E	18 D	17 C	16 B	15 A	14 E	13 D	12 C
11 A	10 E	9 D	8 C	7 B	6 A	5 E	4 D	3 C	2 B	1 A

121（11片）
77（7片）
11
11

※数字表示花片的钩织顺序。
※字母表示配色方案。

花片的配色表

	第1圈	第2圈	第3~6圈
A	原白色	茶色	浅粉色
B	原白色	砖红色	浅粉色
C	原白色	红色	浅粉色
D	原白色	紫色	浅粉色
E	砖红色	原白色	浅粉色

十（第3圈）=在第1圈长针的头部插入钩针，将第2圈包在针目里面钩织

▷ = 加线
► = 剪线

主体

p.19
单提手小拎包

材料与工具
DMC Hoooked Zpagetti 桃红色（PINKRED）685g
超粗钩针12mm

成品尺寸
宽32.5cm，高16cm

编织密度
10cm×10cm面积内：短针6.5针，7行

制作要点
●环形起针，按往返编织的方法一边加针一边环形钩织主体。
●提手钩29针锁针起针后钩织短针，缝在主体的指定位置。在提手的两侧和主体上钩一圈引拔针。
●钩织纽扣和纽襻，缝在指定位置。

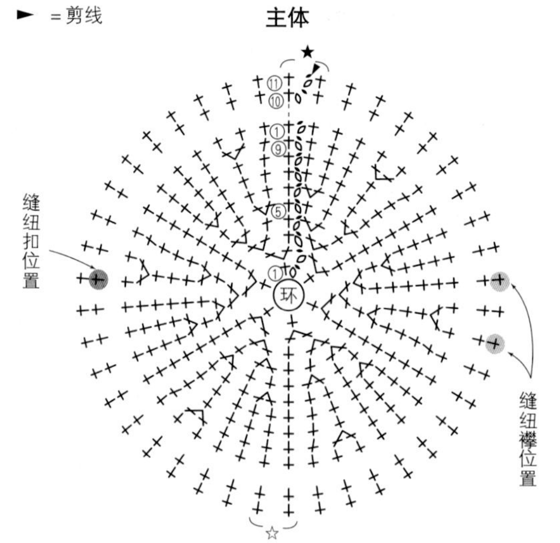

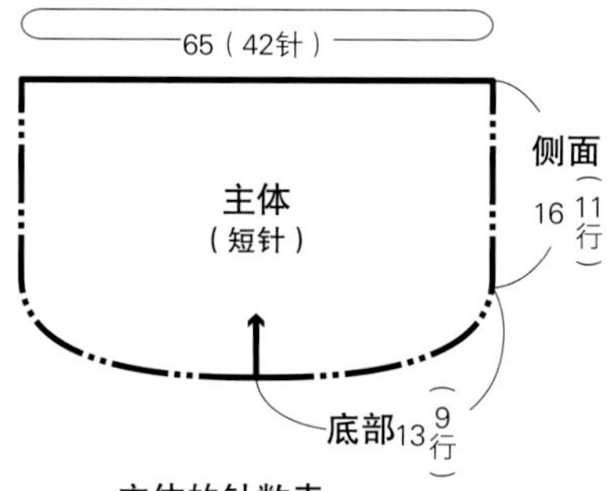

主体的针数表

	圈数	针数	
侧面	第1~11圈	42针	无须加减针
底部	第9圈	42针	（+6针）
	第7~8圈	36针	无须加减针
	第6圈	36针	（+6针）
	第5圈	30针	（+6针）
	第4圈	24针	（+6针）
	第3圈	18针	（+6针）
	第2圈	12针	（+6针）
	第1圈	6针	

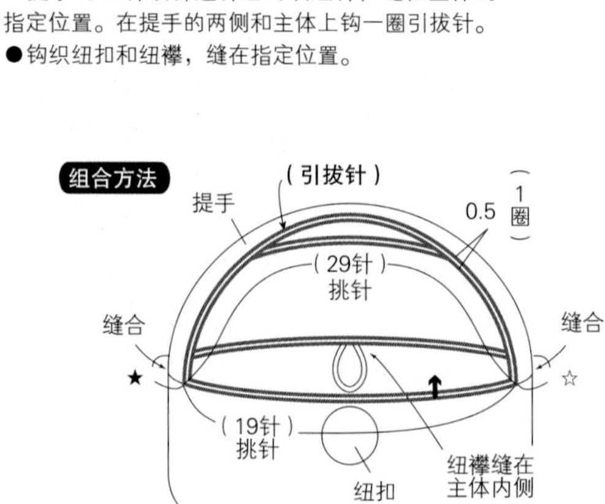

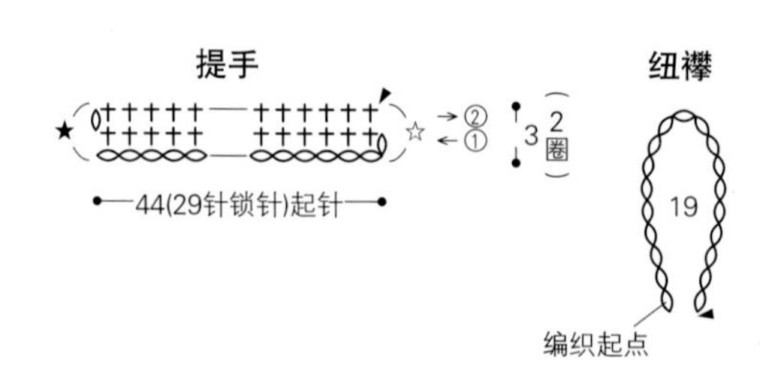

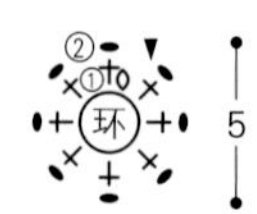

※不同批号的Hoooked Zpagetti线在颜色的深浅、粗细、1团的重量上存在一定差异。

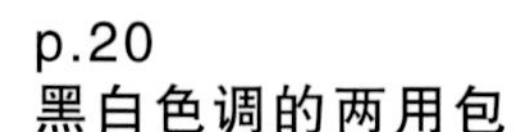

p.20
黑白色调的两用包

材料与工具
DMC Hoooked Zpagetti 黑色（BLACK）260g，白色（WHITE）230g；Natura XL 黑色（02）70g，白色（01）60g
长1m的链子 1条，挂扣 2个，小圆环 1个
超粗钩针12mm

成品尺寸
宽30cm，高15cm

编织密度
10cm×10cm面积内：短针6针，6.5行

制作要点
●主体用Zpagetti和Natura各1根合到一起钩织。钩26针锁针起针后配色钩织短针条纹花样。
●翻折主体，在重叠的☆和★位置做引拔接合。
●在包盖边缘系上流苏，修剪整齐。
●在链子上安装挂扣，固定在包口的两端。制作穗子并用小圆环连接在链子上。

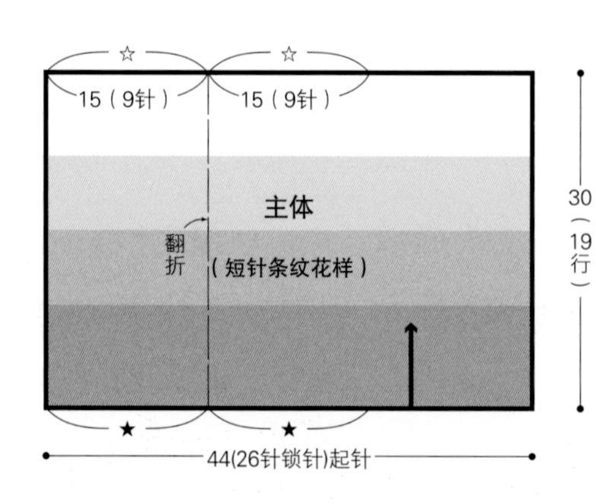

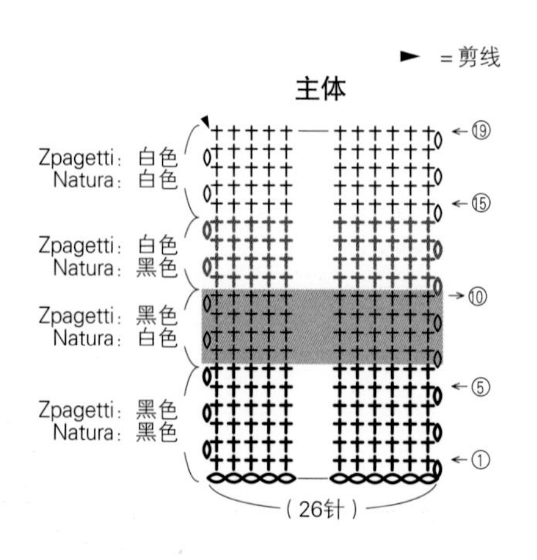

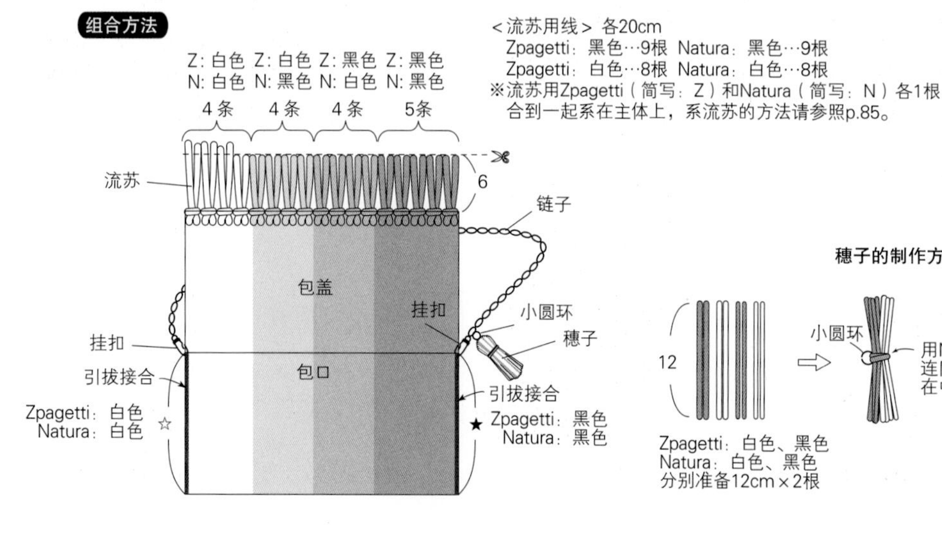

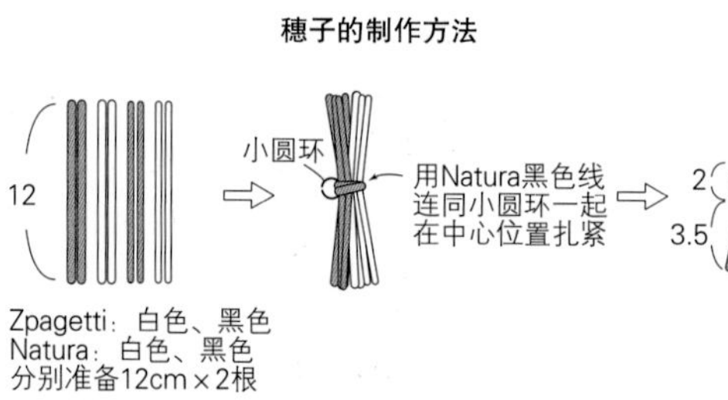

※不同批号的Hoooked Zpagetti线在颜色的深浅、粗细、1团的重量上存在一定差异。

p.20
小圆凳坐垫套

材料与工具
DMC Hoooked Zpagetti 灰色（GREY）350g，蓝色（BLUE）240g
超粗钩针10mm

成品尺寸
直径32cm，高4cm（不含流苏）

编织密度
10cm×10cm面积内：短针6.5针，7行

制作要点
●环形起针后，参照图示一边加针一边钩织配色花样。
●侧面无须加减针钩织3圈，在最后一圈系上流苏。

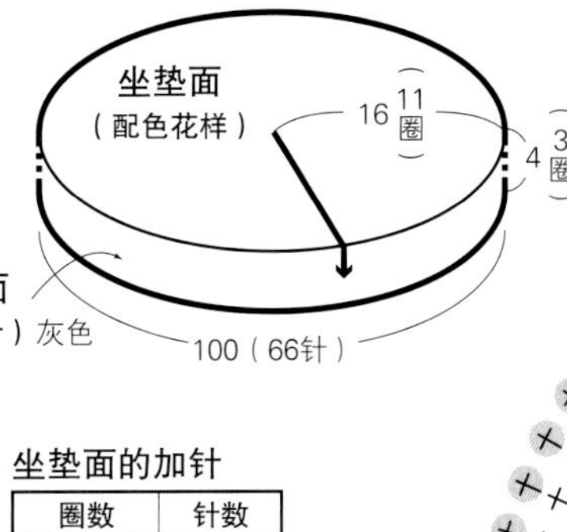
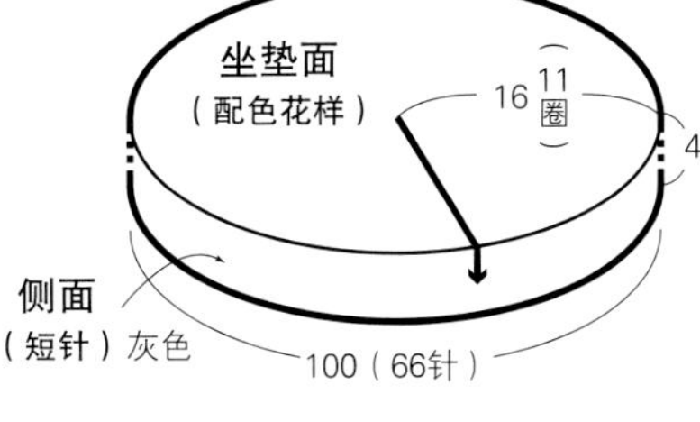

坐垫面的加针

圈数	针数	
第11圈	66针	（+6针）
第10圈	60针	（+6针）
第9圈	54针	（+6针）
第8圈	48针	（+6针）
第7圈	42针	（+6针）
第6圈	36针	（+6针）
第5圈	30针	（+6针）
第4圈	24针	（+6针）
第3圈	18针	（+6针）
第2圈	12针	（+6针）
第1圈	6针	

※第3、4、8、9圈横向渡线，将渡线包在针目里钩织。

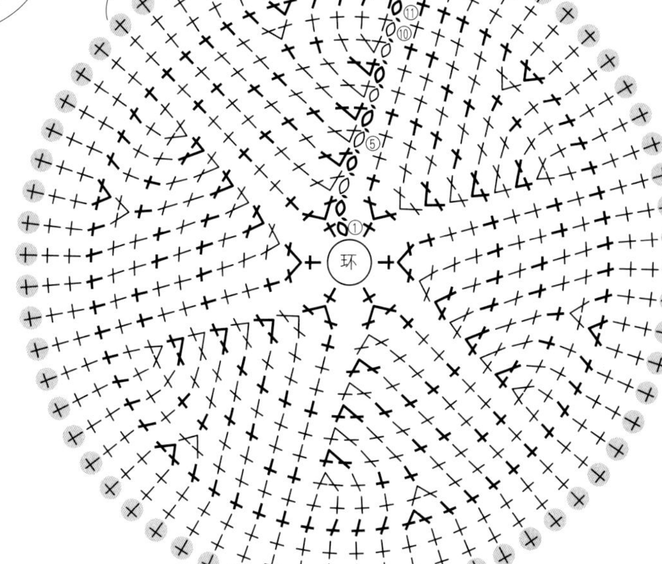

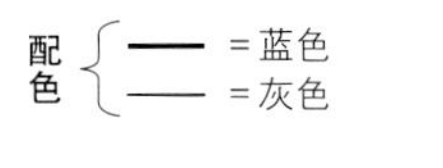

※不同批号的Hoooked Zpagetti线在颜色的深浅、粗细、1团的重量上存在一定差异。

系流苏的方法

❶ 准备66根20cm长的灰色线
❷ 从织物的反面插入钩针，将对折后的线拉出

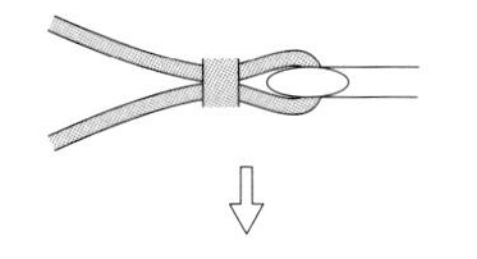

❸ 在拉出的线环中穿入线头

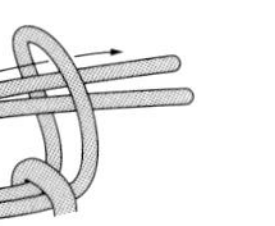

❹ 将线头修剪整齐

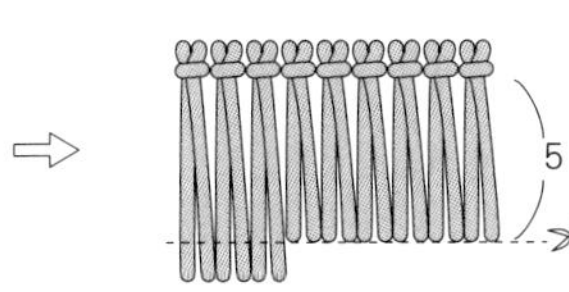

p.21
围脖

材料与工具
Clover mofumo 茶色（60-569）235g
欧根纱丝带 400cm
超粗钩针20mm

成品尺寸
长72cm，宽12cm

编织密度
10cm×10cm面积内：短针的条纹针3.5针，3行

制作要点
●钩4针锁针起针，连接成环形后钩织4针短针。从第2圈开始无须立织锁针环形钩织。在第2圈加针，在最后一圈减针。
●结束时留出30cm左右的线头，在最后一圈针目头部的后侧1根线里做卷针缝调整形状。
●在主体中心穿入3根160cm长的线，分别在线的两端打结。如果穿入丝带，先将丝带对折两次后再穿入主体。

► = 剪线

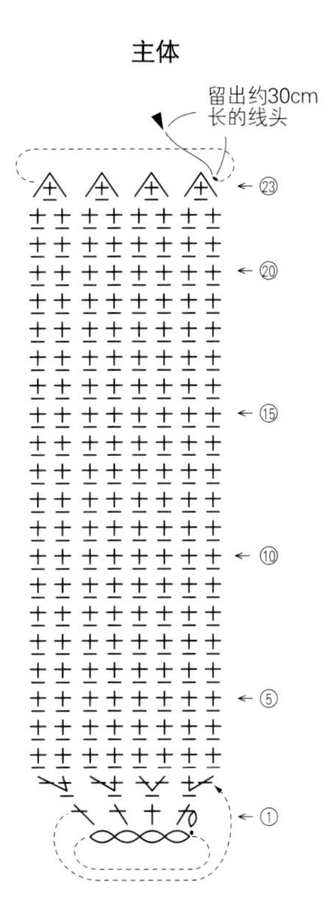

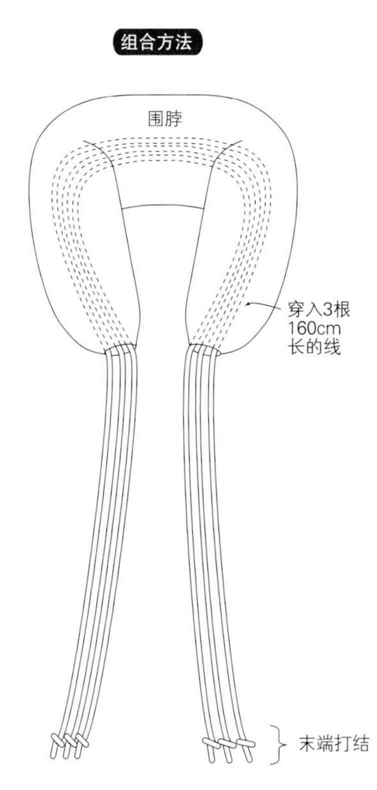

p.22
木柄手提包

材料与工具

Clover Lunetta 芥末黄色（60–507）400g
木质提手（INAZUMA：PM–5 #25 焦茶色）1对，1.5cm宽的皮革带 15cm×2条，直径1.3cm的四合扣1对，与主体同色的手缝线
超粗钩针8mm

成品尺寸

宽35cm，高16.5cm，侧片11cm

编织密度

10cm×10cm面积内：编织花样9针，9行

制作要点

●钩锁针起针，按编织花样钩织前、后片和1个侧片。
●将前、后片与侧片正面相对，用4股手缝线在边上半针的内侧做回针缝。
●用4股手缝线将提手缝在指定位置，再用Lunetta线在上面做卷针缝。
●在皮革带的一头安装四合扣，在另一头用锥子戳出小洞，用手缝线缝在侧片的内侧。

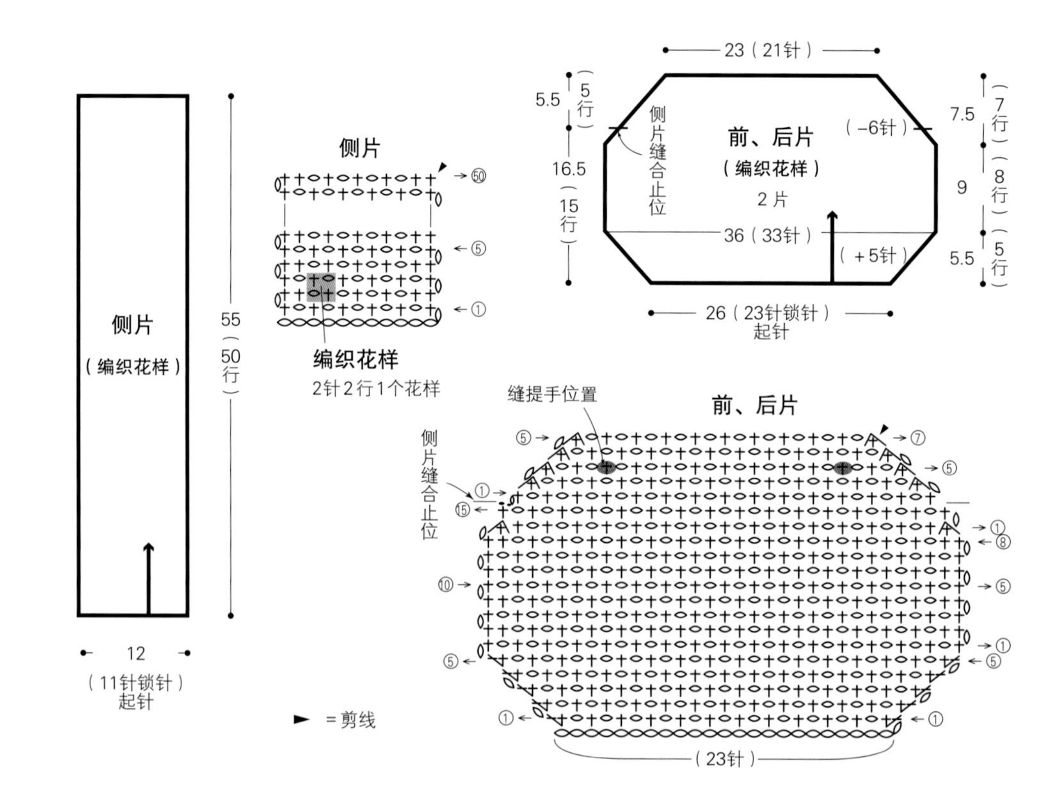

组合方法

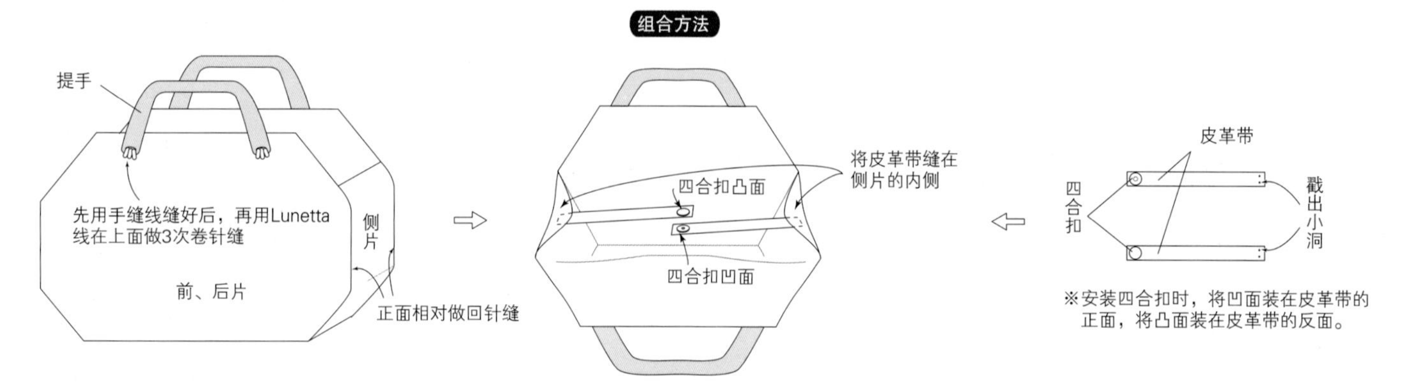

p.23
手腕编织的长围脖

材料与工具

和麻纳卡 FüTTI 白色（1）230g

成品尺寸

宽 20cm（不含流苏），长 59cm

编织密度

10cm×10cm 面积内：手腕下针编织 3 针，3 行

制作要点

●参照封三起针，按棒针编织的要领编织 35 行下针后做伏针收针。
●编织起点和编织终点用手指在针目里穿线做下针无缝接合。
●系上流苏，将长度修剪整齐。

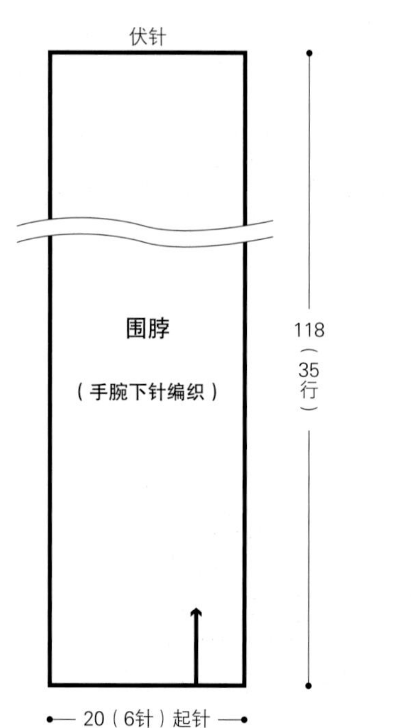

组合方法

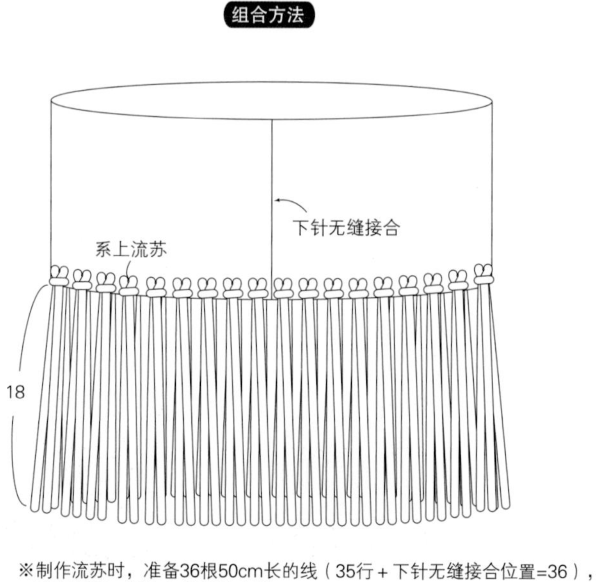

※制作流苏时，准备36根50cm长的线（35行＋下针无缝接合位置=36），系在围脖一侧边上半针的内侧。
※系流苏的方法请参照p.85。

p.22
布条编织的收纳篮

材料与工具

市售被套 1件
与被套同色系的手缝线 适量
宽2.5cm、长25cm的鞣革（自然色） 1条
皮革专用手缝麻线（自然色） 适量
钩针8/0号

成品尺寸

宽44.5cm，深17cm

编织密度

10cm×10cm面积内：短针13针，14行

制作要点

●将被套的布边和装有拉链的部分剪掉，变成一块布料。
●将布料裁剪成1.5cm宽、4m长的布条，准备大约83根布条。一边用手缝线拼接布条的末端一边钩织。
●底部钩12针锁针起针，一边加针一边钩织16圈短针。接着无须加减针钩织主体的20圈。主体结束时暂停钩织，在指定位置加线钩40针锁针。再用刚才暂停钩织的线接着钩织提手和篮口。在另一侧加线，也按相同要领钩织。
●在鞣革中线上用圆锥每隔5mm打孔，再用皮革专用手缝麻线将其缝在提手上。

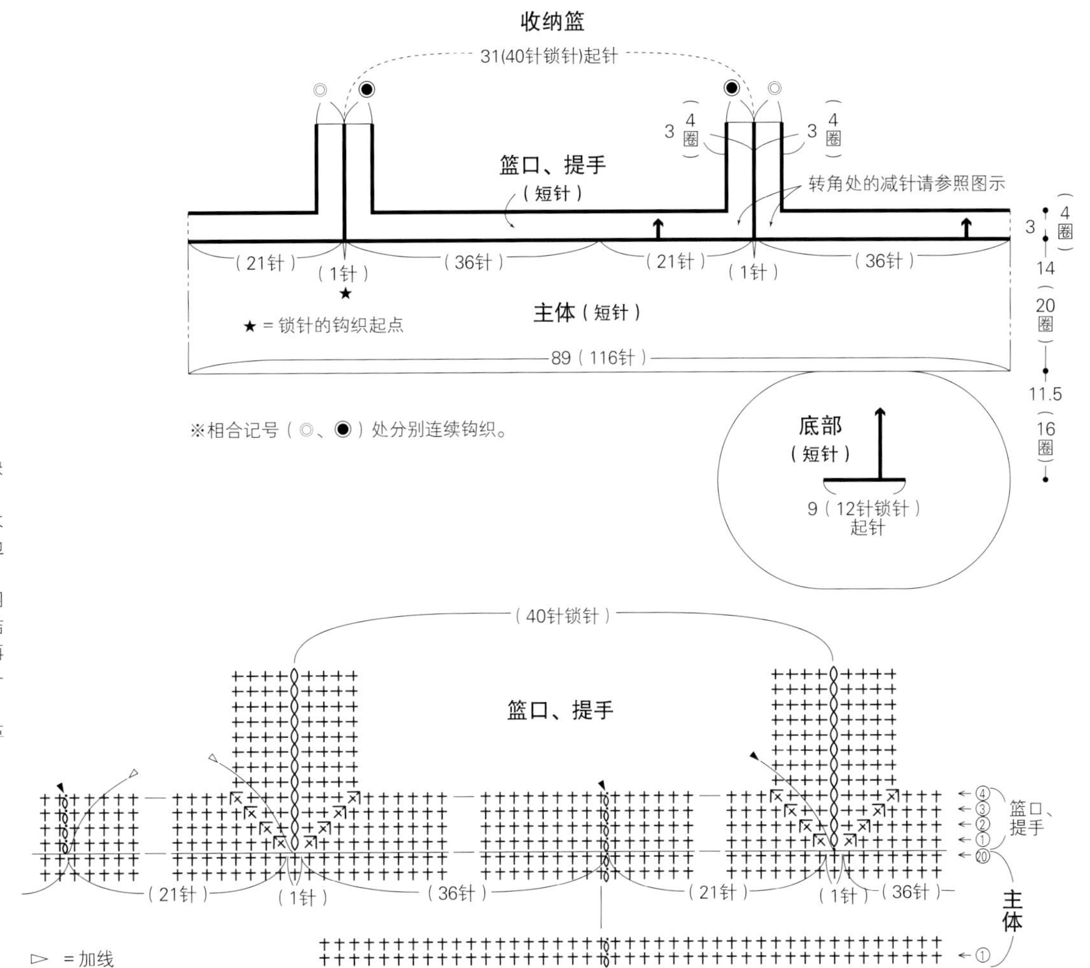

布条的拼接方法

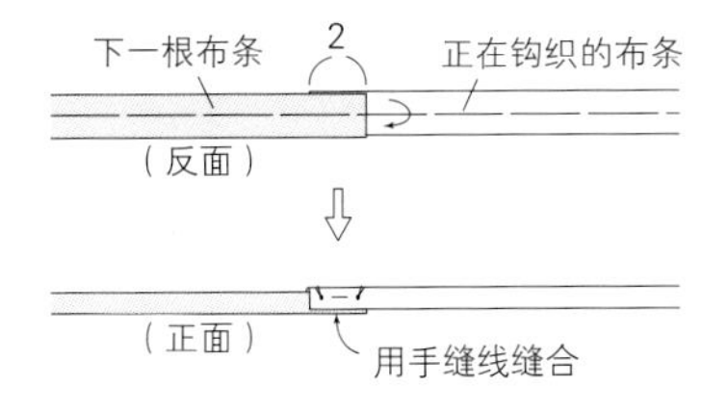

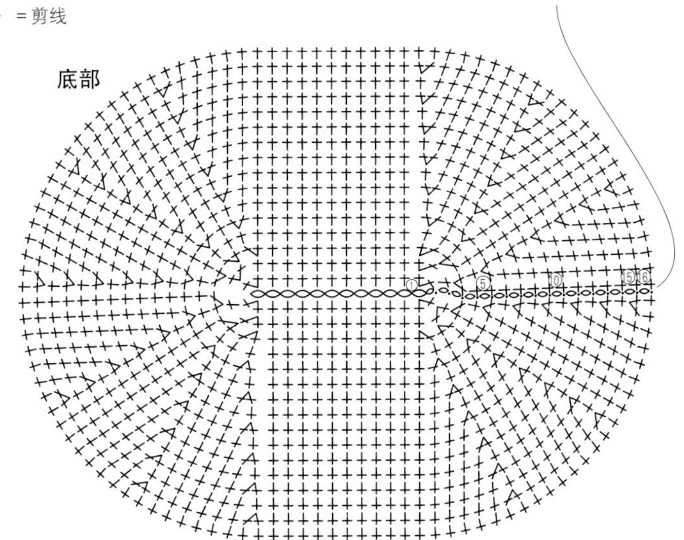

底部的加针

圈数	针数	
第16圈	116针	无须加减针
第15圈	116针	（＋12针）
第14圈	104针	无须加减针
第13圈	104针	（＋12针）
第12圈	92针	无须加减针
第11圈	92针	（＋12针）
第10圈	80针	无须加减针
第9圈	80针	（＋12针）
第8圈	68针	无须加减针
第7圈	68针	（＋12针）
第6圈	56针	无须加减针
第5圈	56针	（＋12针）
第4圈	44针	无须加减针
第3圈	44针	（＋12针）
第2圈	32针	（＋4针）
第1圈	28针	

组合方法

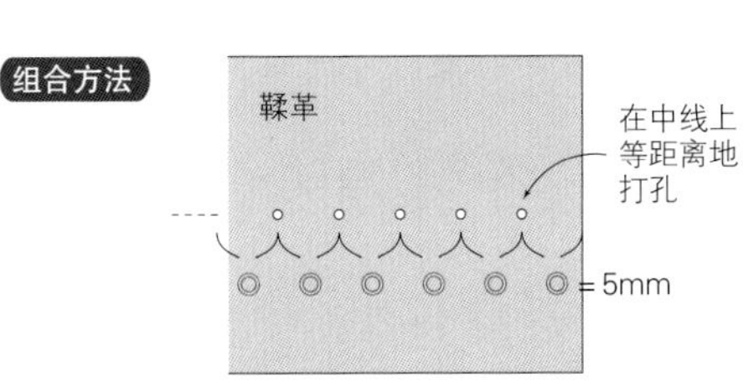

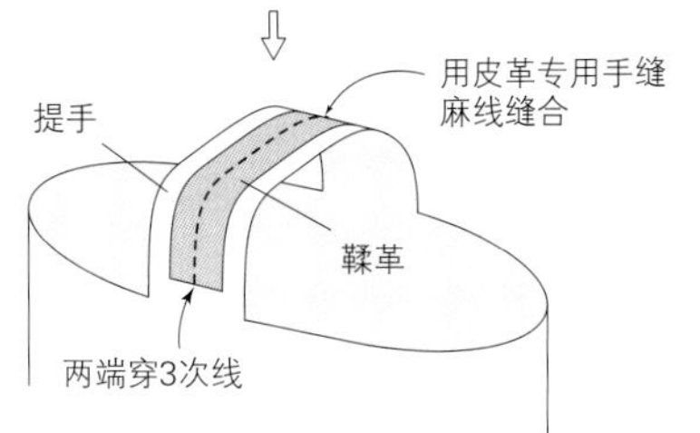

3针锁针的狗牙拉针（钩在长针上）

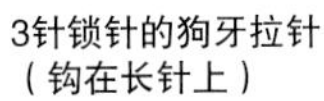

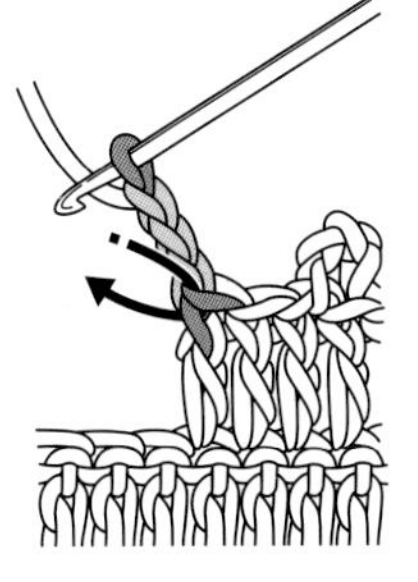

1 钩完长针后紧接着钩3针锁针，在长针头部的前侧半针和根部的1根线里挑针。

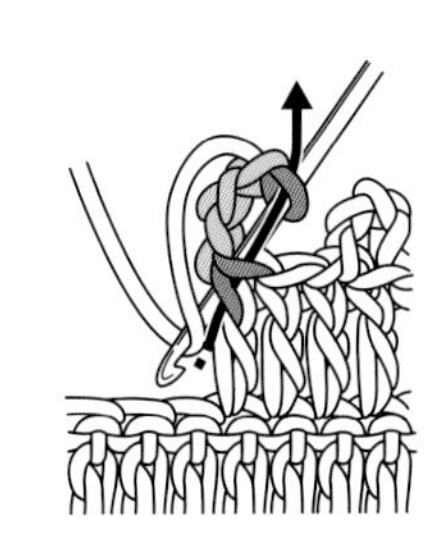

2 针头挂线，如箭头所示引拔。

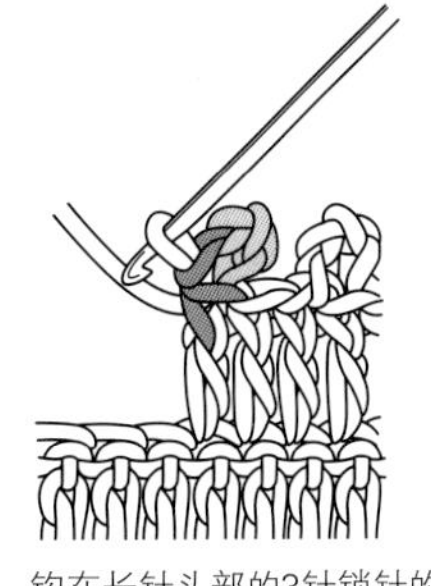

3 钩在长针头部的3针锁针的狗牙拉针完成。

p.25
胸针和耳环
发圈

材料与工具

耳环：DARUMA 鸭川#18 原白色（102）1g，耳环金属配件 1对，蕾丝钩针2号

发圈：DARUMA iroiro 夜空蓝色（17）2g，孔雀蓝色（16）、牛仔蓝色（18）各1g，橡皮圈1个，钩针3/0号

胸针：DARUMA 鸭川#18 原白色（102）2g，2.5cm的别针 1个，蕾丝钩针2号

成品尺寸

参照图示

制作要点

耳环

●环形起针，钩织2个花片A。结束时留出15cm左右的线头。

●将花片缝在耳环金属配件上。

胸针、发圈

●环形起针后钩织花片B。发圈在引拔穿过卷针的最后2个线圈时换线，将暂停钩织的线包在针目里渡线钩织。

●参照图示，分别缝上别针和橡皮圈。

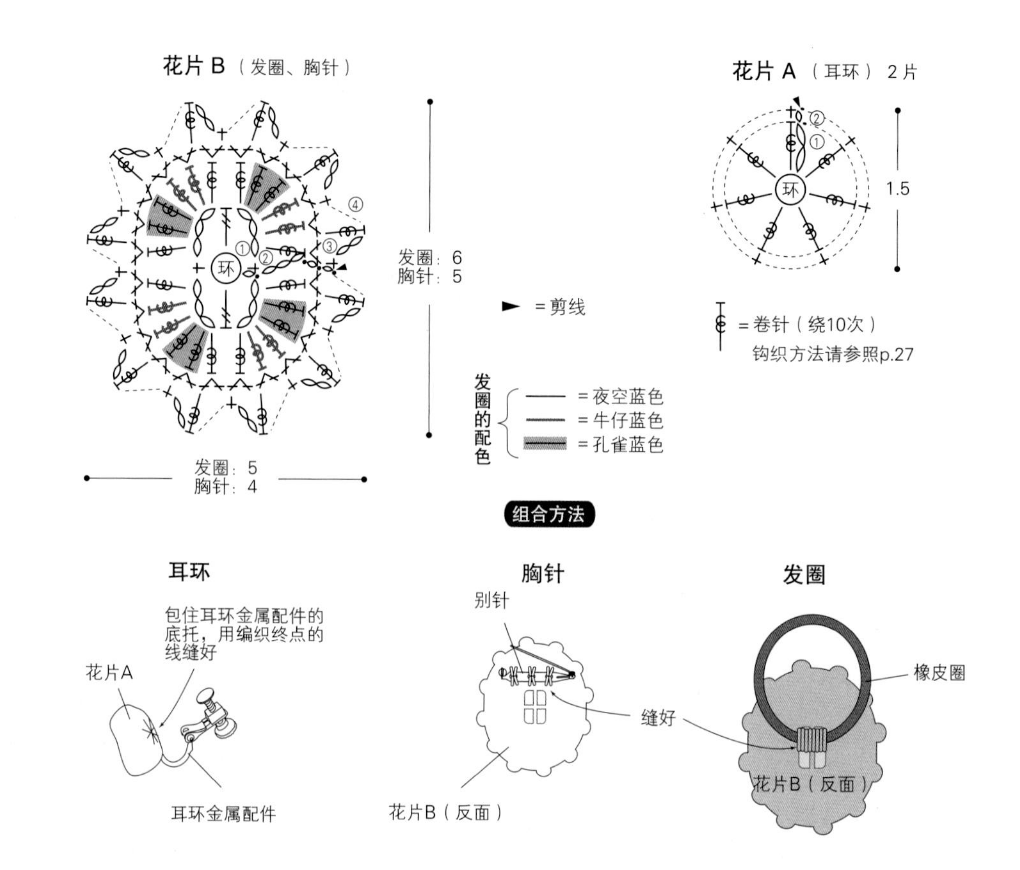

p.24
收纳包

材料与工具

DARUMA 鸭川#18 灰色（108）45g

宽18cm、高13cm的收纳包 1个

蕾丝钩针2号

成品尺寸

单面的大小：长18cm，宽12cm

编织密度

花片的大小：6cm×6cm

制作要点

●环形起针后钩织花片。从第2个花片开始在最后一圈与相邻花片做连接。钩织并连接6个花片后，按相同要领再钩织一个主体。

●将主体的连接花片缝在收纳包的前、后两面。

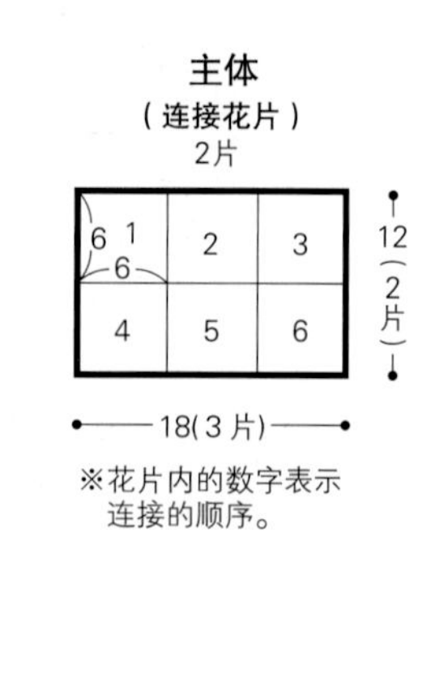

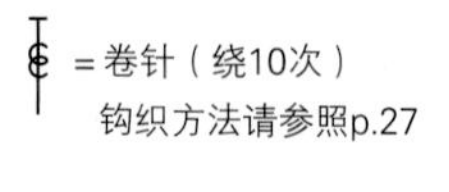

► = 剪线

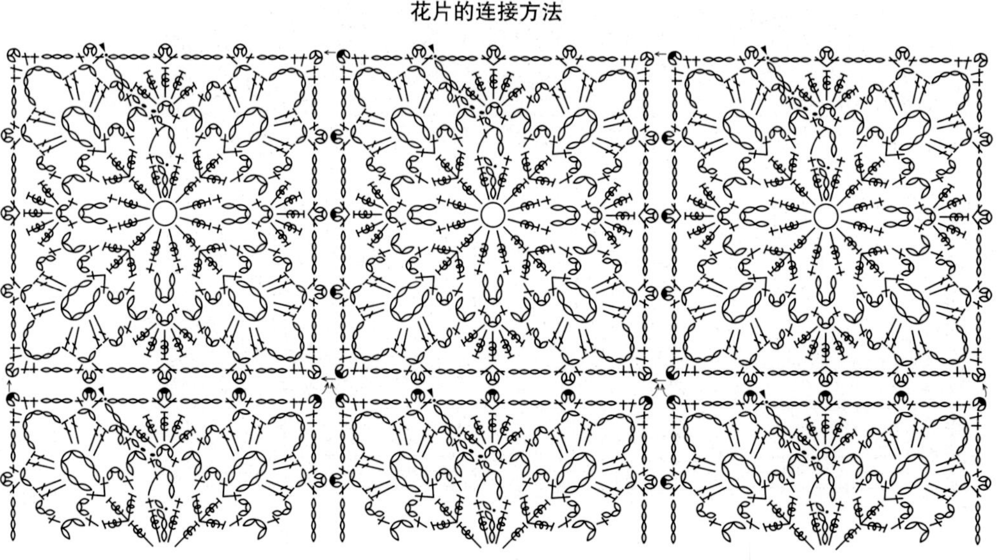

组合方法

收纳包

主体

缝合

p.26
方形坐垫

材料与工具

DARUMA Merino极粗 灰棕色（304）170g

[同款不同色：DARUMA Merino极粗 姜黄色（311）170g]

钩针8/0号

成品尺寸

宽41cm，长41cm

编织密度

花片的大小：9cm×9cm

制作要点

●花片钩11针锁针起针，按编织花样钩织13行。接着正面朝外对折，在重叠的状态下钩织边缘编织A。

●从第2个花片开始，钩织边缘编织A时与相邻的花片做连接，注意编织花样的方向，纵横交错进行连接。

●钩织并连接9个花片后，按边缘编织B钩织6圈。注意转角处的针数不同。

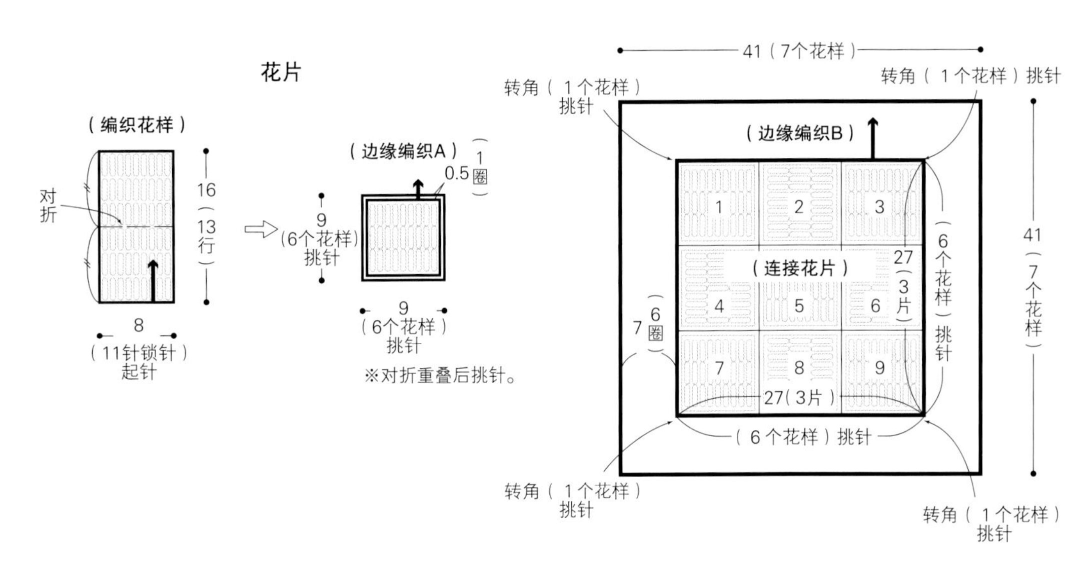

※花片内的数字表示花片的连接顺序。

花片的连接方法

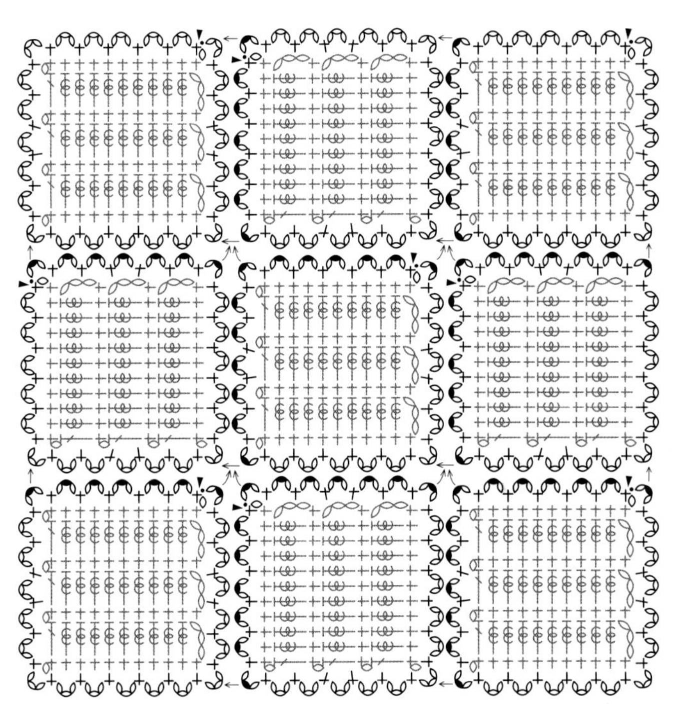

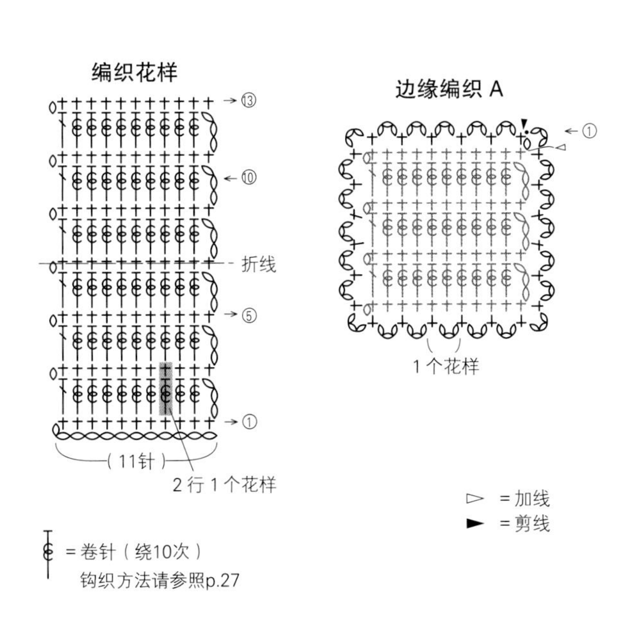

▷ =加线

► =剪线

= 卷针（绕10次）

钩织方法请参照p.27

边缘编织B

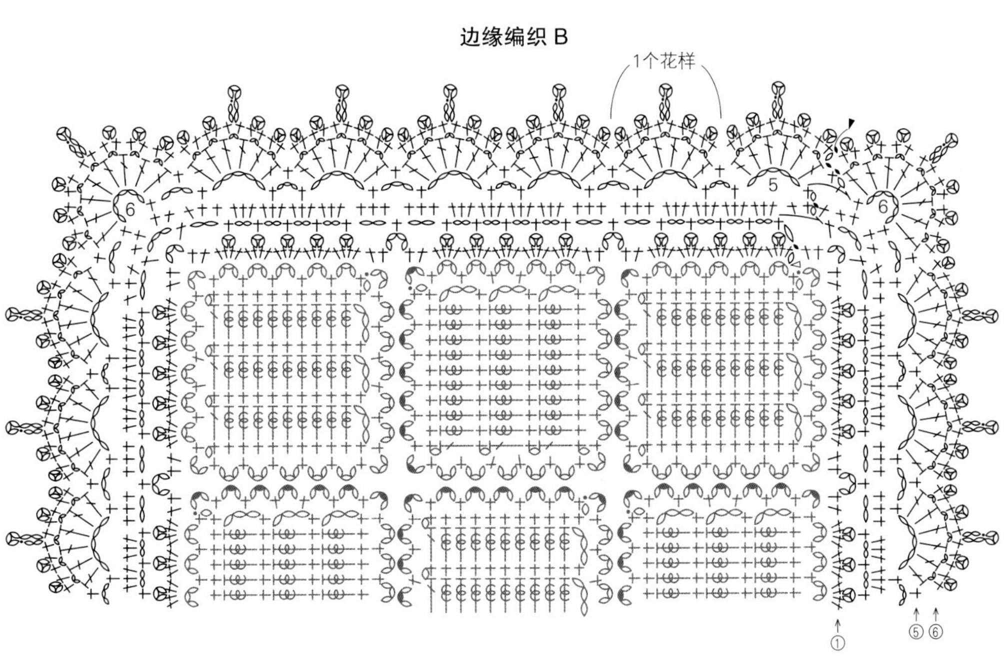

p.28
宛如蝴蝶结的发带

材料与工具
DARUMA 接近原毛的美利奴羊毛线 茶色（3）30g
棒针7号

成品尺寸
头围53cm，宽8cm

编织密度
10cm×10cm面积内：编织花样21.5针，30行

制作要点
●用手指挂线起针法起28针，接着按编织花样编织160行。
●结束时做伏针收针。
●将编织起点和编织终点用卷针缝缝合。
●将两端的4针分别翻折至反面，松松地做卷针缝。
●装饰片用手指挂线起针法起9针，做22行下针编织后做伏针收针。
●用装饰片包住主体的首尾缝合位置，再用卷针缝缝合装饰片编织起点和编织终点的针目。

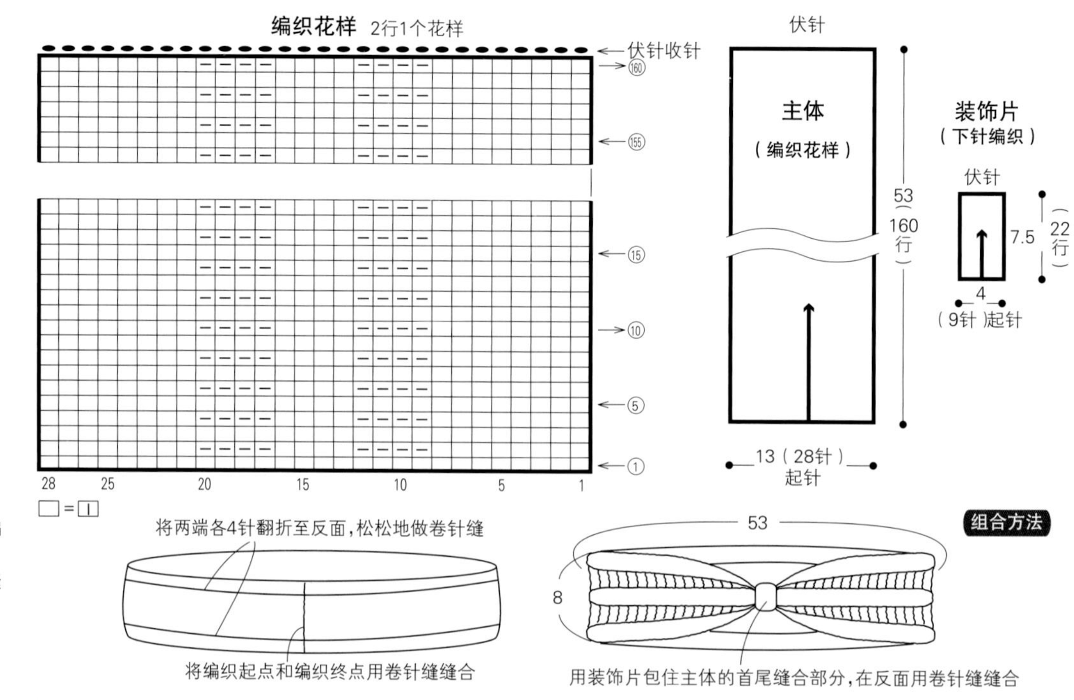

p.29
麻花花样的围脖

材料与工具
DARUMA Merino 中粗 姜黄色（13）145g
棒针（4根直棒针或者60cm的环形针）7号、5号

成品尺寸
颈围65cm，宽32cm

编织密度
10cm×10cm面积内：编织花样A 34针，31.5行；编织花样B、C 29针，31.5行

制作要点
●用手指挂线起针法起160针，连接成环形后用5号针编织6行双罗纹针。
●参照花样布局图，加40针后用7号针按编织花样A~C编织88行。
●减40针后用5号针编织6行双罗纹针，结束时与前一行织相同的针目做伏针收针。

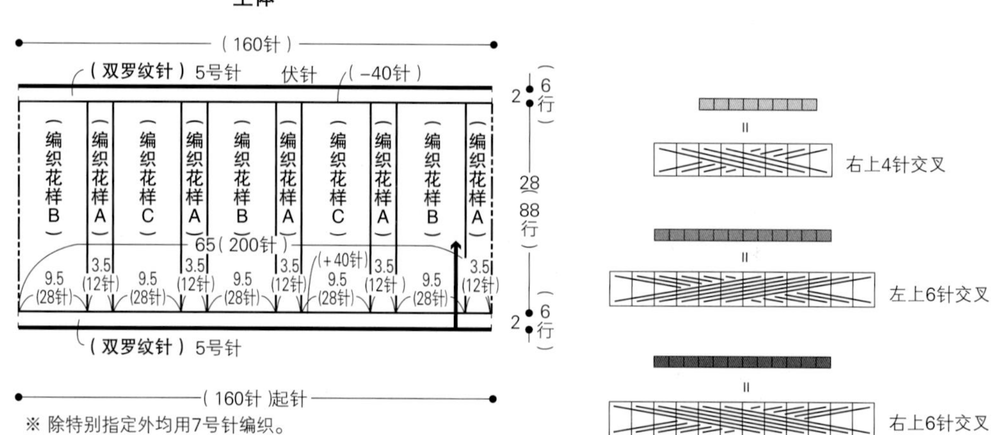

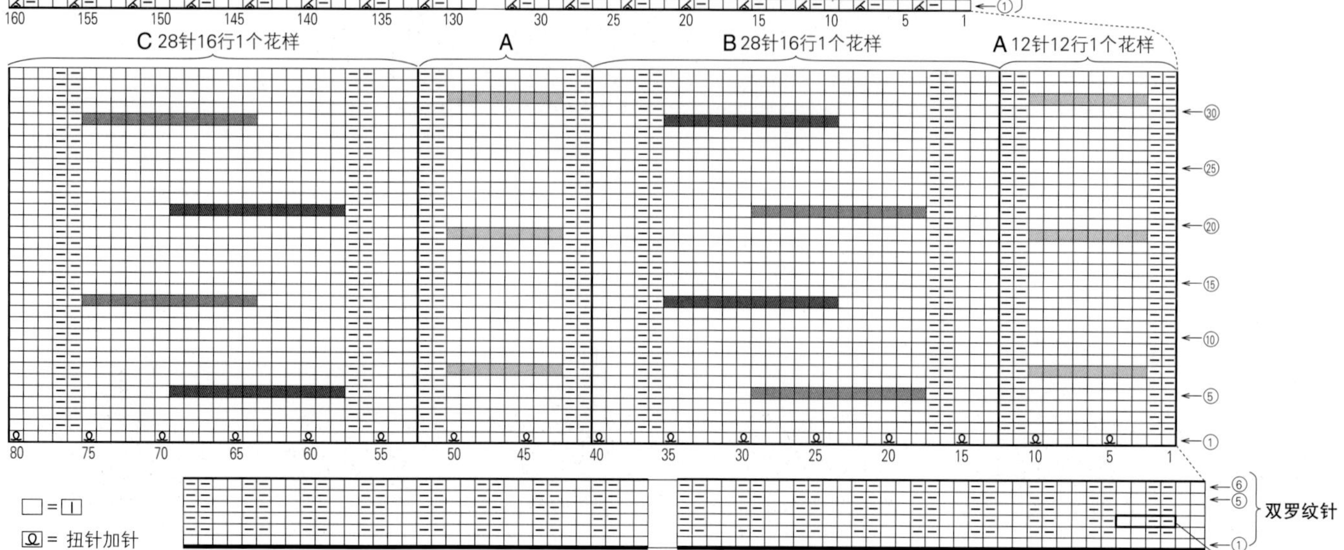

p.29
长款围脖

材料与工具

DARUMA Merino 中粗 米色（2）270g
棒针7号

成品尺寸

宽33.5cm，长63.5cm

编织密度

10cm×10cm面积内：编织花样A 34针，31.5行；编织花样B、C均为29针，31.5行

制作要点

●编织花样A~C请参照p.90下方的图解编织。
●用手指挂线起针法起100针，按下针编织和编织花样A~C编织400行，结束时与前一行织相同的针目做伏针收针。
●将编织起点和编织终点正面相对，用卷针缝缝合。

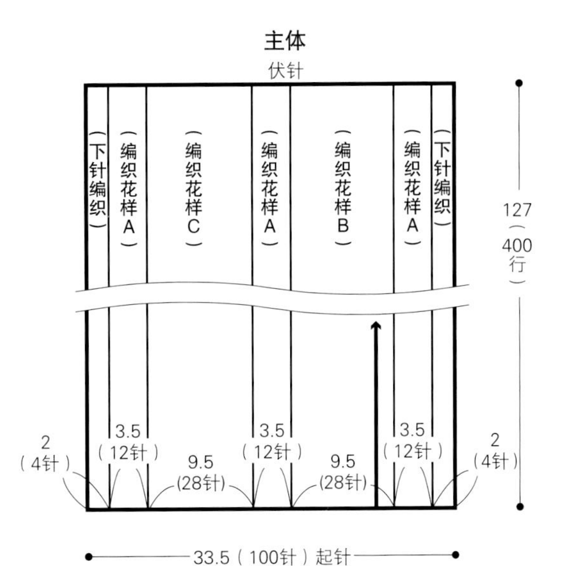

※编织花样A~C请参照p.90下方的图解编织。

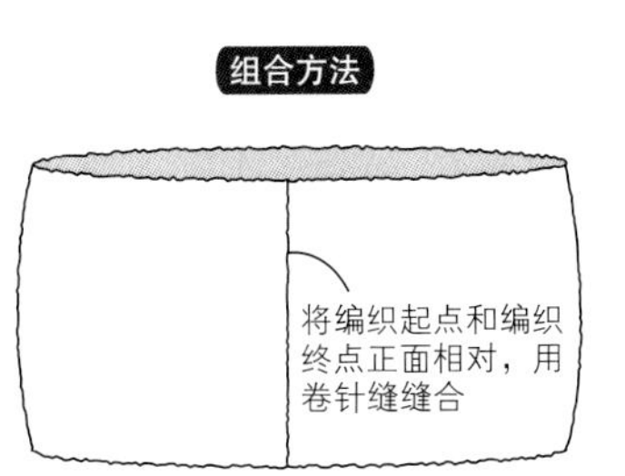

p.42
钩针编织的麻花花样

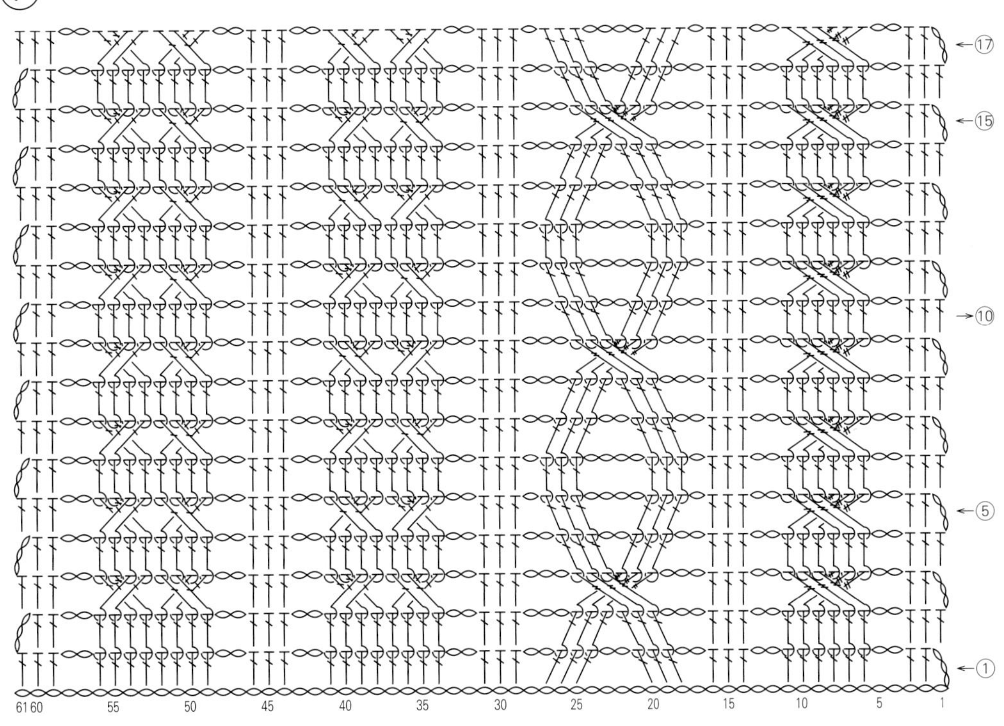

3针3行的枣形针

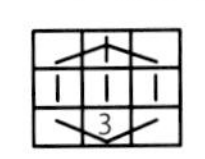

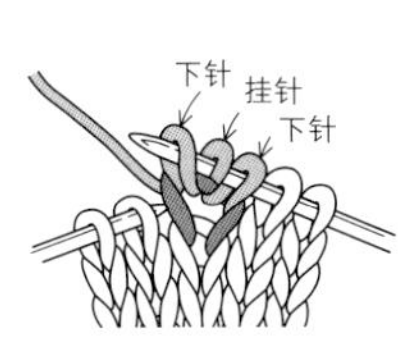

1 在1个针目里织“下针、挂针、下针”的加针。

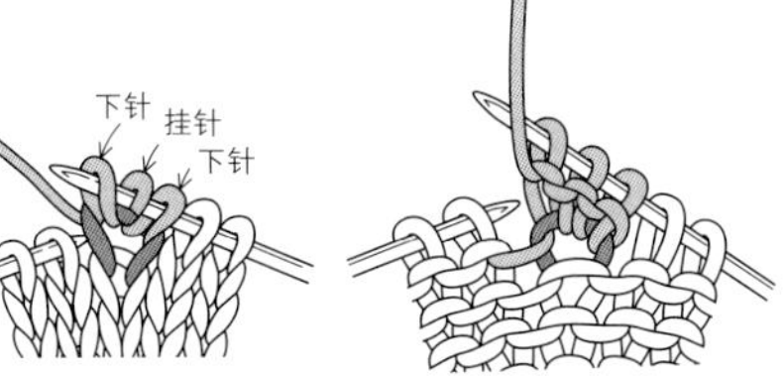

2 翻至反面，织3针上针。

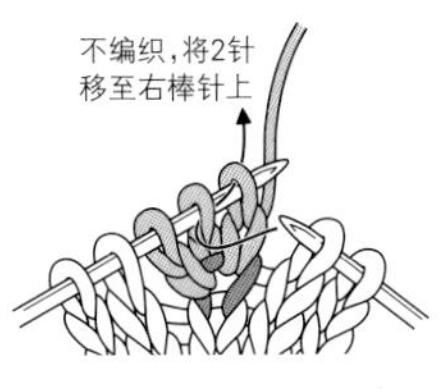

3 翻回正面，右边的2针不编织，如箭头所示直接移至右棒针上。

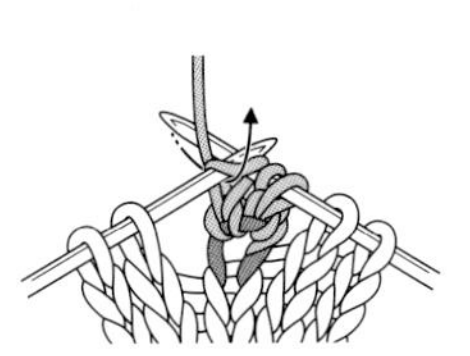

4 在第3针里织下针。

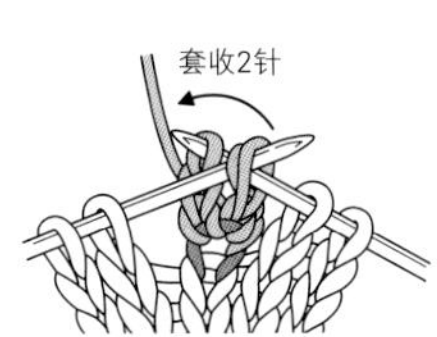

5 挑起移过来的2针，将其覆盖在刚才织的针目上。

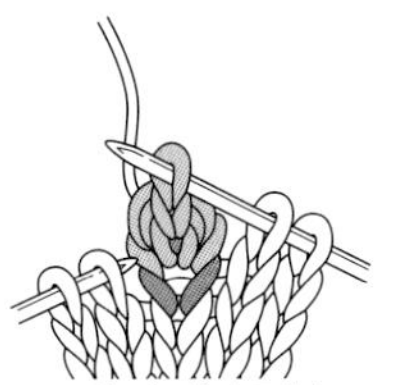

6 3针3行的枣形针完成。

p.30
蝴蝶结位于后面的发带

材料与工具
DARUMA Merino中粗 炭灰色（18）45g，米色（2）15g；Dulcian极细 粉红色（33）5g
棒针6号

成品尺寸
长106cm，宽10cm

编织密度
10cm×10cm面积内：桂花针21针，34行；
下针编织22针，21行

制作要点
●主体用炭灰色线手指挂线起针，起42针后编织桂花针。
●结束时做伏针收针。将两侧挑针缝合成环形。
●蝴蝶结的带子分别在编织起点和编织终点从重叠的针目里挑取11针，用米色和粉红色共2根线做70行下针编织。
●结束时做伏针收针。

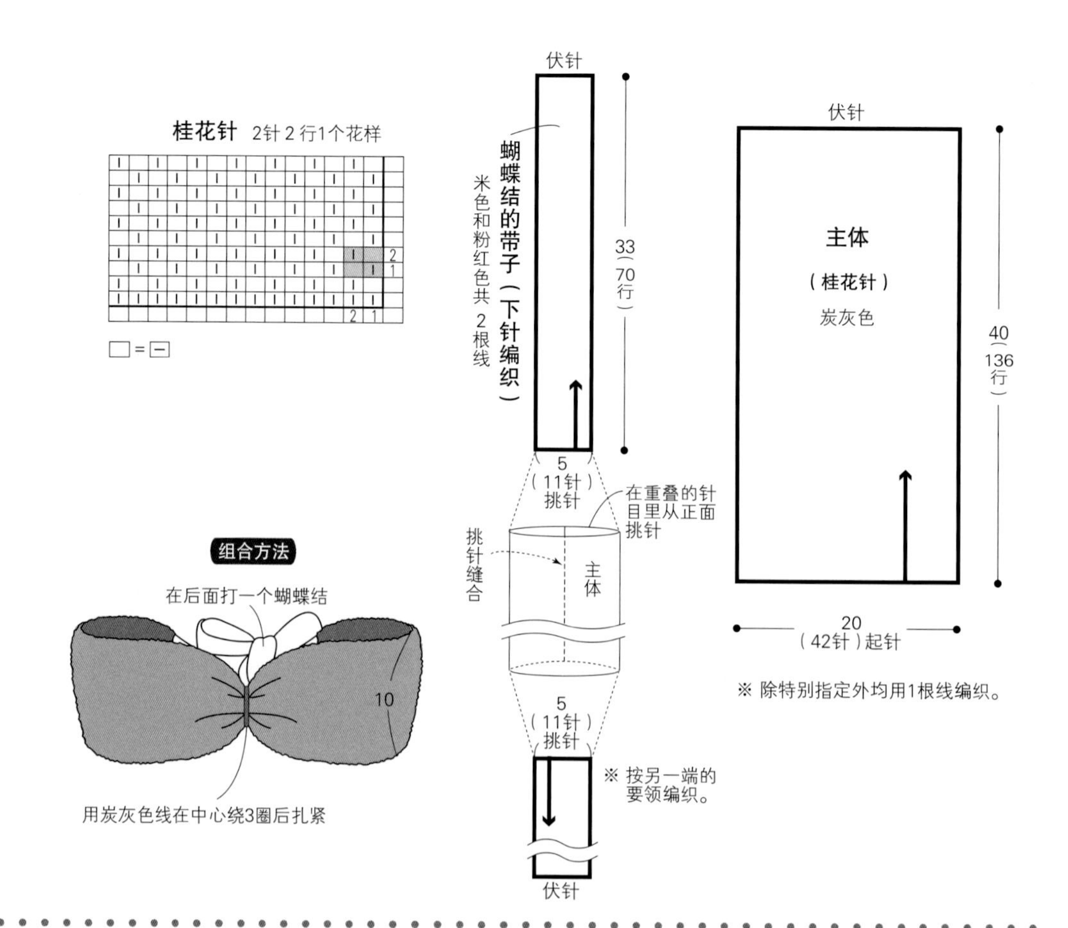

p.30
多种毛线编织的围脖

材料与工具
DARUMA Pom Pom Wool 炭灰色（7）30g；
Merino极粗 灰色（302）25g，米色（312）20g；
Dulcian极细 翠蓝色（27）10g
棒针10号

成品尺寸
颈围47cm，宽24cm

编织密度
10cm×10cm面积内：起伏针14.5针，32行；
变化的罗纹针、下针编织均为14.5针，25行；
双罗纹针14.5针，20行

制作要点
●用手指挂线起针法起68针，连接成环形后开始编织。
●起伏针用灰色和翠蓝色共2根线编织，变化的罗纹针用炭灰色线编织，下针编织和双罗纹针用米色线编织。
●结束时与前一圈织相同的针目做伏针收针。

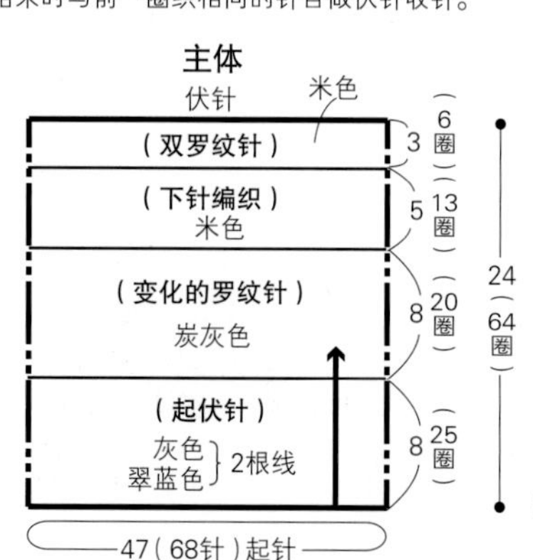

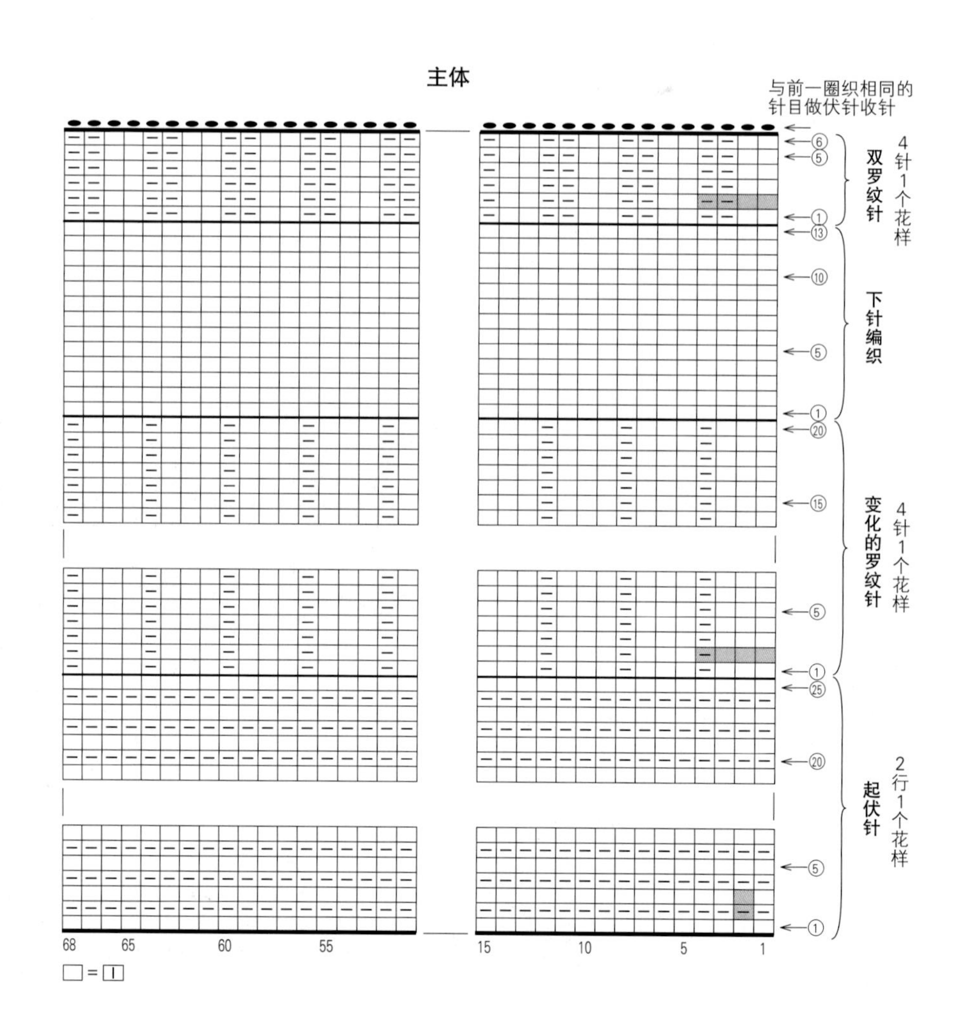

p.46
野蔷薇

材料与工具
胸针：DMC Coton Perlé 8号线 肉粉色（353）、绿色（580）、黄色（973）、白色（3865）各0.5团，长1.5cm的别针 1个，蕾丝钩针6号

耳钉：DMC Coton Perlé 8号线 肉粉色（353）、绿色（580）、黄色（973）、白色（3865）各0.5团，耳钉金属配件 1对，蕾丝钩针6号

成品尺寸
参照图示

制作要点
胸针

●花朵中心环形起针后钩织2圈。接着在上面钩织5片花瓣，注意花瓣的挑针方法。

●花茎和叶子环形起针后，分别参照图示钩织。

●花蕊环形起针后先钩织1圈，然后参照图示加上蕊丝。

●参照组合方法将各部分组合在一起。

耳钉

●花朵中心环形起针后钩织2圈。接着在上面钩织5片花瓣，注意花瓣的挑针方法。

●叶子环形起针后参照图示钩织。

●花蕊环形起针后先钩织1圈，然后参照图示加上蕊丝。

●参照组合方法将各部分组合在一起。

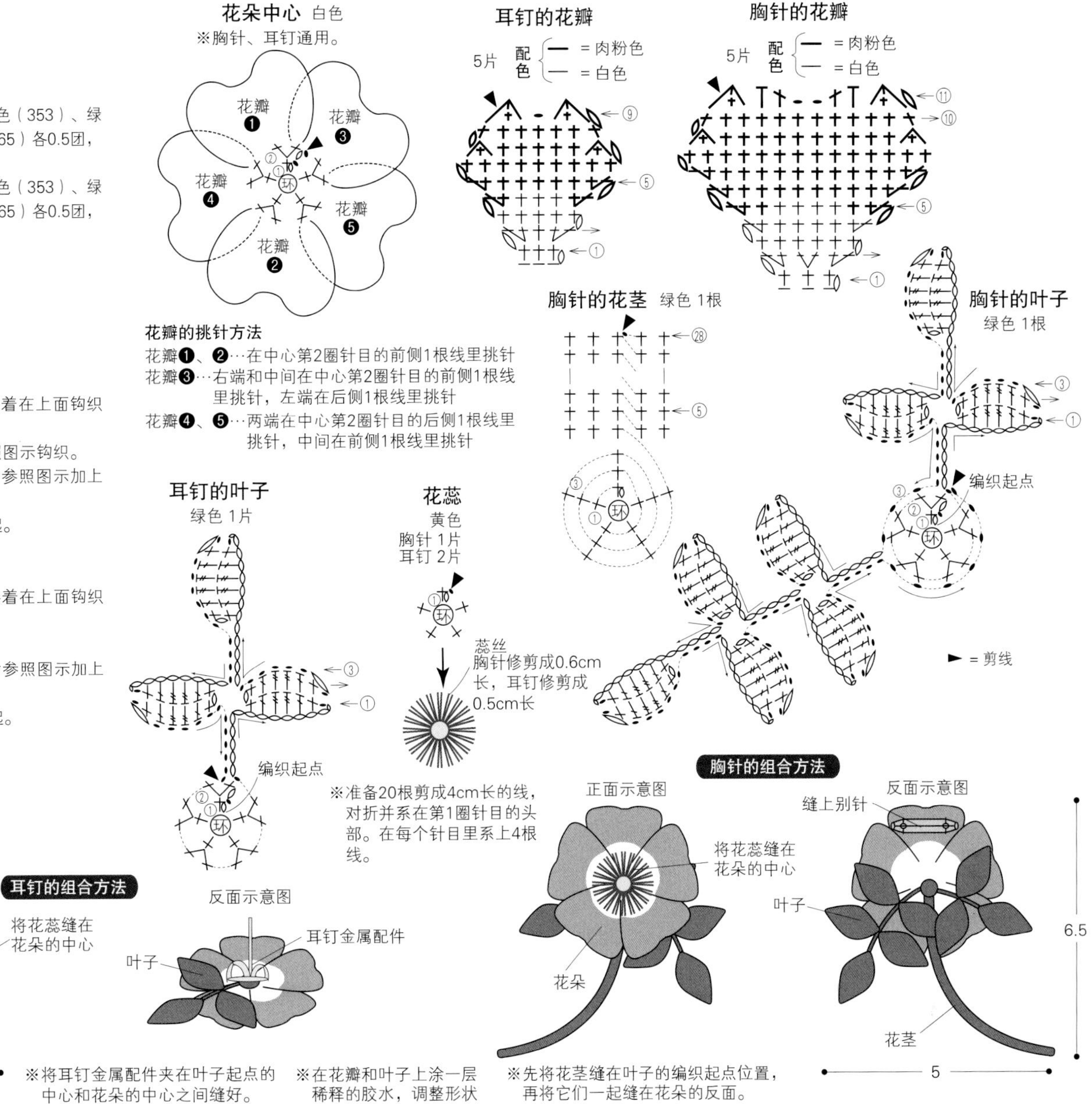

p.47
腾空跃起的海豚

材料与工具
DMC Coton Perlé 8号线 灰色（413）、蓝色（931）、原白色（ECRU）各0.5团

长1.5cm的别针 1个，填充棉适量

蕾丝钩针6号

成品尺寸
参照图示

制作要点
●嘴部环形起针后钩织5圈。身体从嘴部的☆处挑针钩织前片的49行。接着将前片倒向前面，从★处的反面挑针，按前片相同要领钩织后片的49行。

●参照缝制顺序将各部分组合在一起。

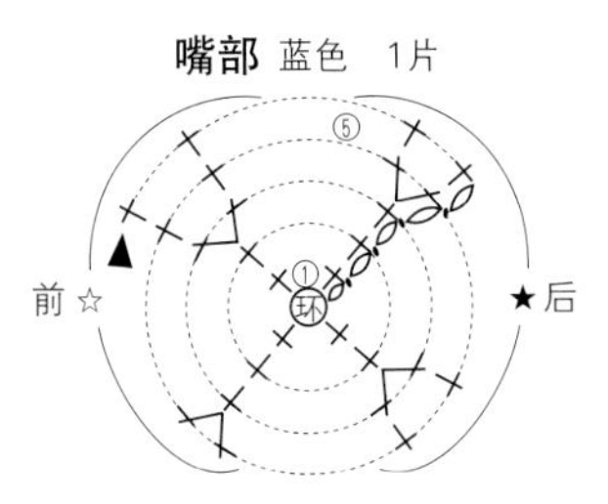

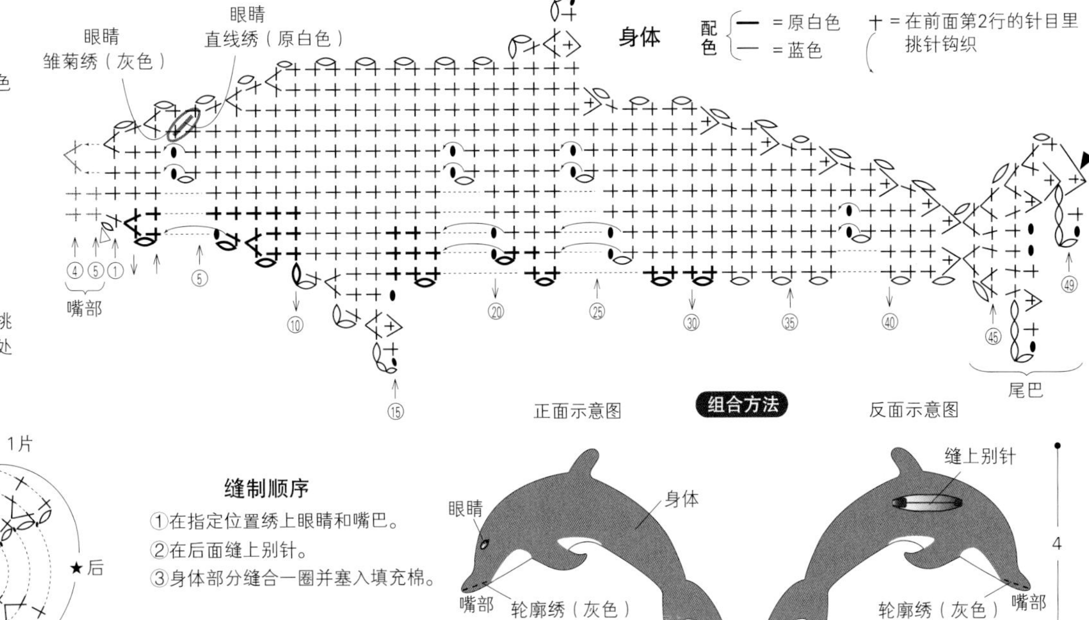

缝制顺序
①在指定位置绣上眼睛和嘴巴。

②在后面缝上别针。

③身体部分缝合一圈并塞入填充棉。

p.46
草原上的绵羊

材料与工具

DMC Coton Perlé 8号线 白色（3865）0.5团，茶色（938）少量；DARUMA Big Ball Mist 米色（2）少量

长1.5cm的别针 1个，填充棉适量

蕾丝钩针6号

成品尺寸

参照图示

制作要点

- 环形起针，前腿钩织7行，后腿钩织8行。
- 参照制作顺序钩织身体的前片和后片。
- 参照制作顺序将各部分组合在一起。

前腿 1条

配色 ━ =茶色 — =白色

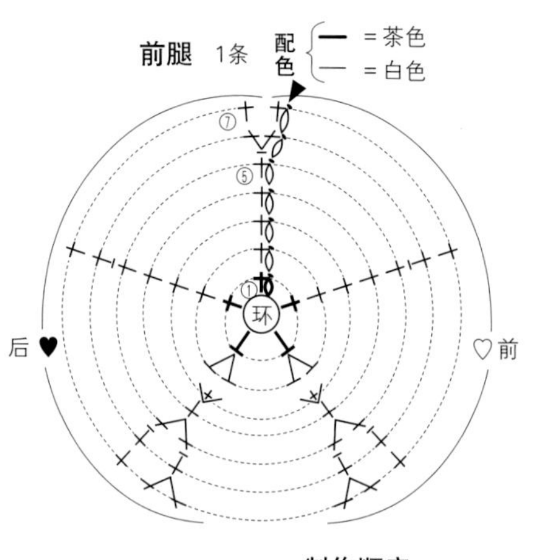

后腿 1条

配色 ━ =茶色 — =白色

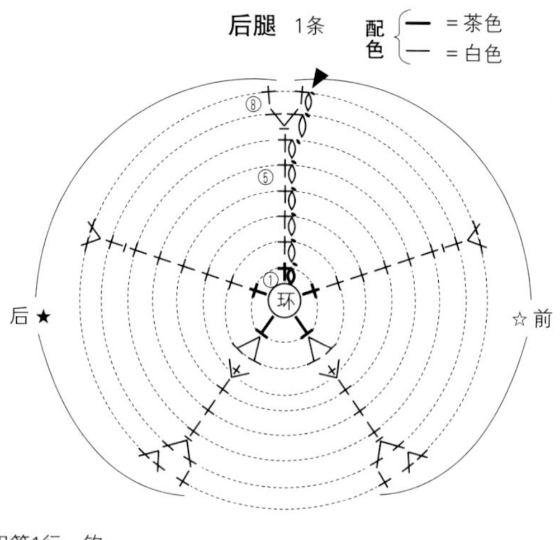

身体 前、后片…白色

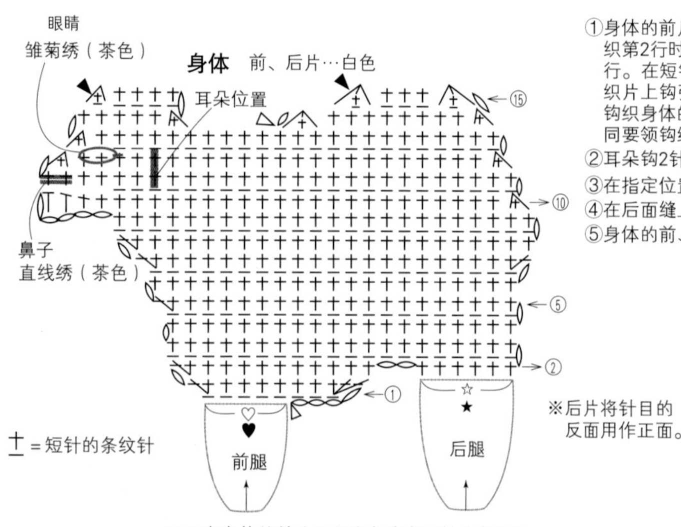

$\pm$ =短针的条纹针

※后片将针目的反面用作正面。

※只有身体的前片要用米色线在短针的条纹针剩下的1根线里挑针钩引拔针。

制作顺序

①身体的前片在前腿的♡处第1针里加线，钩织第1行。钩织第2行时，在后腿的☆处6针里挑针，继续钩织至第15行。在短针的条纹针剩下的1根线里，用米色线在织片上钩引拔针。
钩织身体的后片时，将身体的前片倒向前侧，按前片相同要领钩织至第15行。

②耳朵钩2针锁针起针，钩织5行。缝在前片的指定位置。

③在指定位置绣上眼睛和鼻子。

④在后面缝上别针。

⑤身体的前、后片对齐缝合一圈，并塞入填充棉。

耳朵 白色 1片

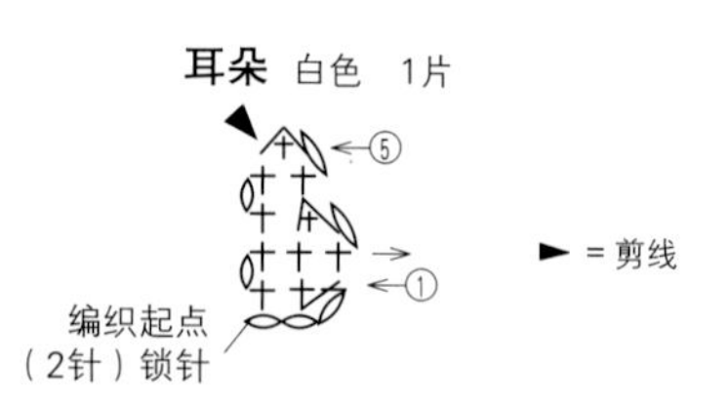

▶ = 剪线

组合方法

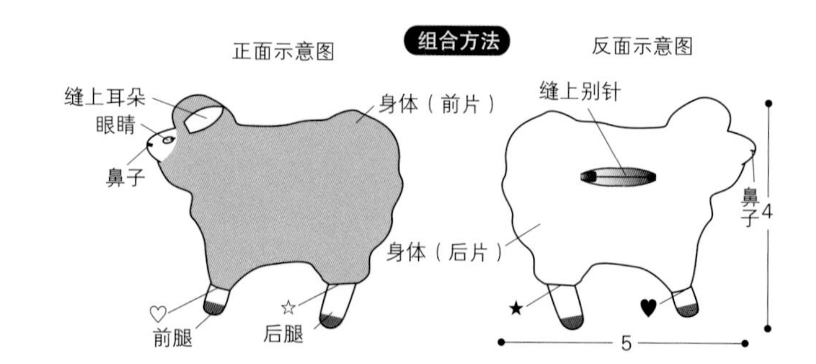

p.48
黄昏中的小松鼠

材料与工具

DMC Coton Perlé 8号线 灰色（413）、茶色（840）、米色（3033）各0.5团；DARUMA Fake Fur 茶色系混染（2）少量

长1.5cm的别针 1个，填充棉适量

蕾丝钩针6号，钩针10/0号

成品尺寸

参照图示

制作要点

- 前、后片钩7针锁针起针，参照图示分别钩织23行。
- 尾巴钩3针锁针起针，参照图示钩织1行。
- 参照缝制顺序将各部分组合在一起。

身体（前片） 1片

蕾丝钩针6号

配色 ━ =米色 — =茶色

眼睛 雏菊绣（灰色）

眼睛 直线绣（米色）

鼻子 直线绣（灰色）

上肢缝合位置

缝尾巴位置

夹尾巴位置

㉓ ⑳ ⑮ ⑩ ⑤ ①

编织起点（7针）锁针

身体（后片） 1片

蕾丝钩针6号

配色 ━ =米色 — =茶色

▶ = 剪线

㉓ ⑳ ⑮ ⑩ ⑤ ①

编织起点（7针）锁针

※后片将针目的反面用作正面。

尾巴

茶色系混染 1条

10/0号针

①

编织起点（3针）锁针

组合方法

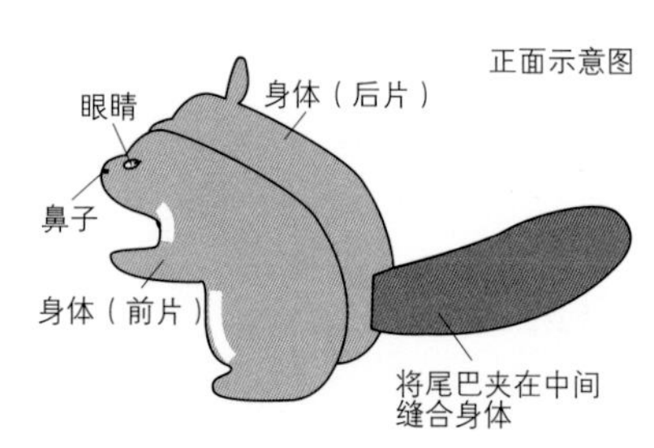

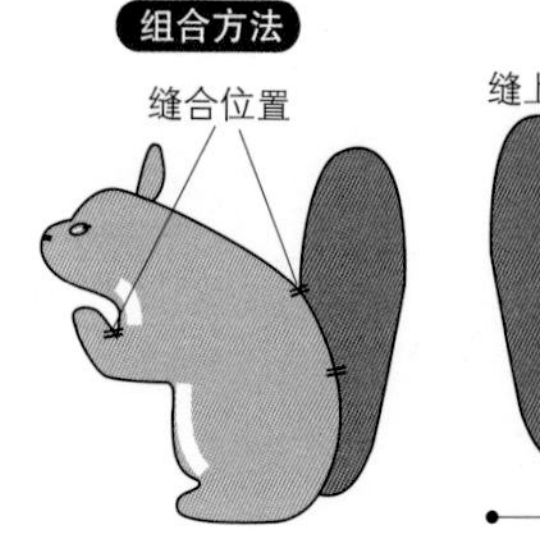

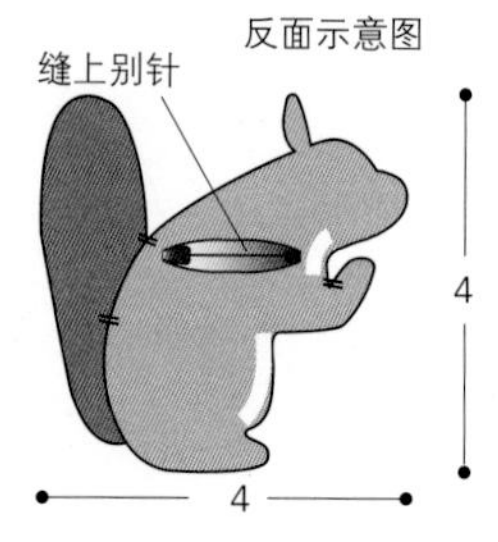

缝制顺序

①在身体（前片）的指定位置绣上眼睛和鼻子。

②在身体（后片）缝上别针。

③将尾巴夹在身体后片和前片之间缝合一圈，在缝合过程中塞入填充棉。在另外2处缝住尾巴使其固定。

④在指定位置缝合，使上肢呈弯曲状态。

p.47
牵牛花

材料与工具

DMC Coton Perlé 8号线 紫色（3041）、绿色（320）、白色（3865）各0.5团

毛衣别针 1个

蕾丝钩针6号

成品尺寸

参照图示

制作要点

●牵牛花环形起针后参照图示钩织24圈。

●花茎环形起针，参照图示连续钩织叶子和花萼。

●将花萼包住牵牛花的中心部分并缝合固定。

●在主体的指定位置穿入毛衣别针。

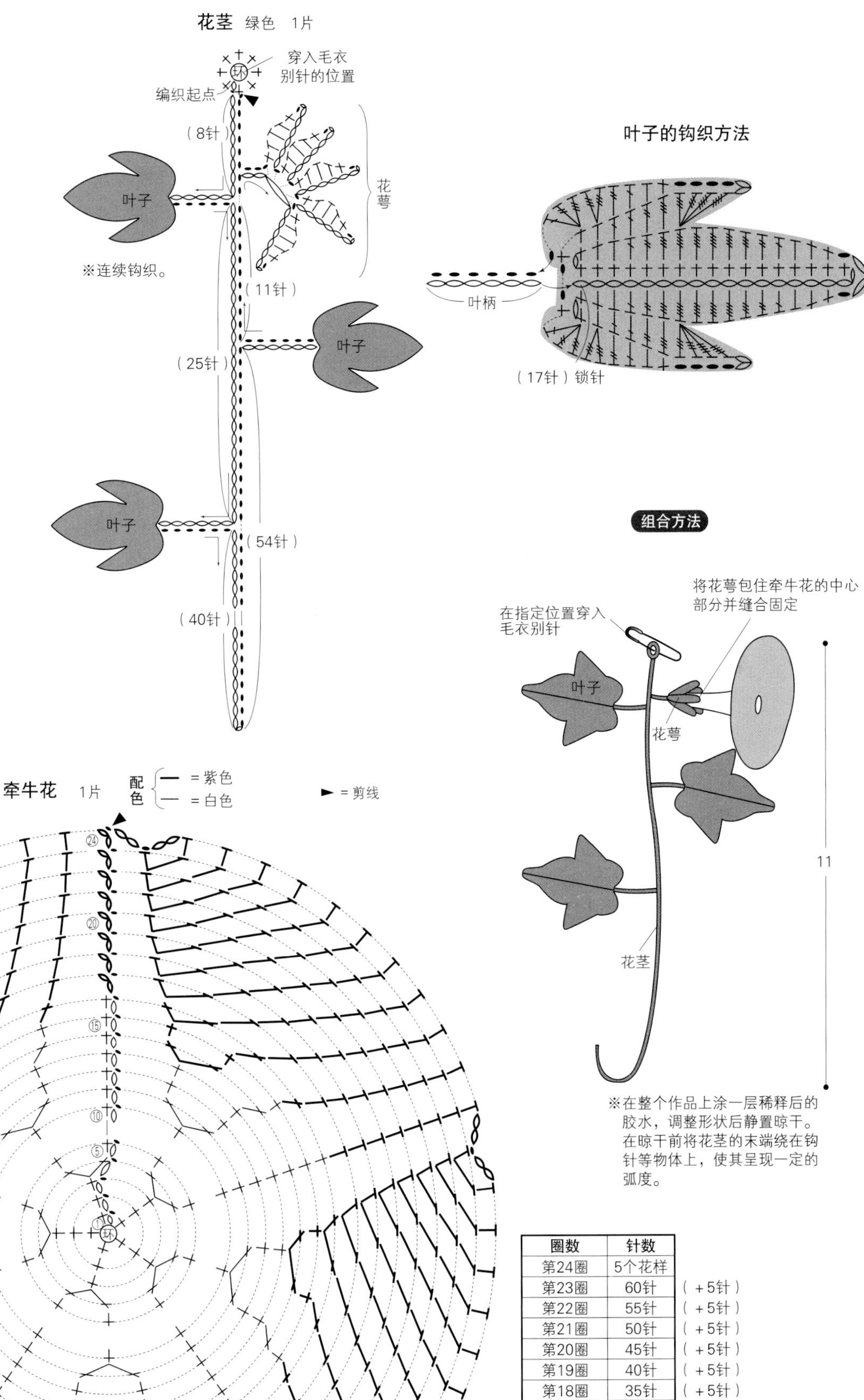

圈数	针数	
第24圈	5个花样	
第23圈	60针	（+5针）
第22圈	55针	（+5针）
第21圈	50针	（+5针）
第20圈	45针	（+5针）
第19圈	40针	（+5针）
第18圈	35针	（+5针）
第17圈	30针	（+5针）
第16圈	25针	（+5针）
第15圈	20针	无须加针
第14圈	20针	（+5针）
第12~13圈	15针	无须加针
第11圈	15针	（+5针）
第5~10圈	10针	无须加针
第4圈	10针	（+5针）
第1~3圈	5针	

p.48
橡子

材料与工具

DMC Coton Perlé 8号线 茶色（801）、米色（840）、绿色（890）各0.5团
毛衣别针 1个，填充棉适量
蕾丝钩针6号

成品尺寸

参照图示

制作要点

●橡壳环形起针后钩织7圈。
●橡实钩3针锁针起针后钩织11圈。
●在橡壳和橡实中塞入填充棉并缝合。
●叶脉环形起针后开始钩织，注意有一部分要在橡壳上挑针钩织。结束后，参照图示在叶脉上钩织叶子。
●在叶脉的指定位置穿入毛衣别针。

组合方法

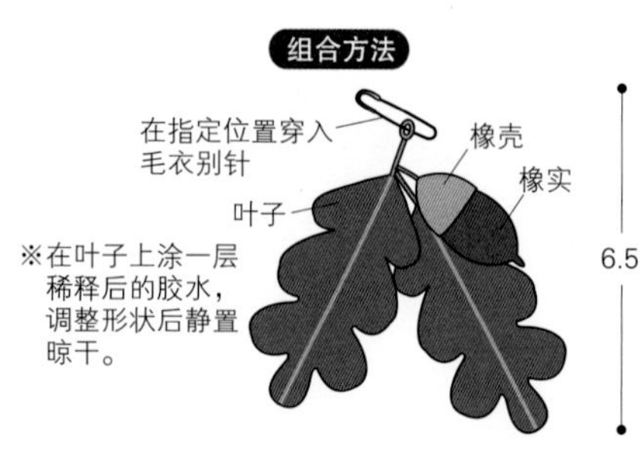

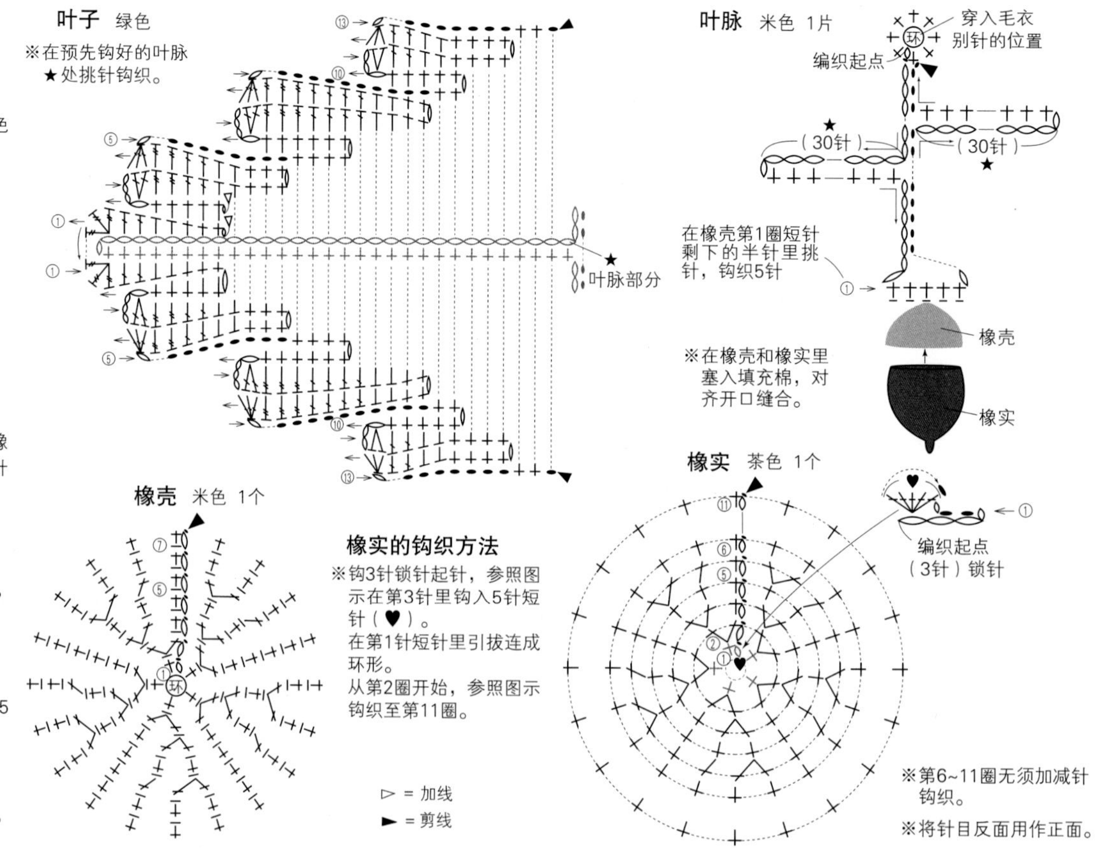

p.49
缩成一团的小猫

材料与工具

DMC Coton Perlé 8号线 炭灰色（413）、灰色（414）、白色（3865）各0.5团
长1.5cm的别针 1个，填充棉适量
蕾丝钩针6号

成品尺寸

参照图示

制作要点

●膝盖钩3针锁针起针，参照图示钩织5行。
●脸部环形起针后钩织3圈。
●身体参照图示，从脸部的☆处挑针钩织前片，从★处的反面挑针钩织后片。
●尾巴环形起针后钩织13圈。
●参照缝制顺序将各部分组合在一起。

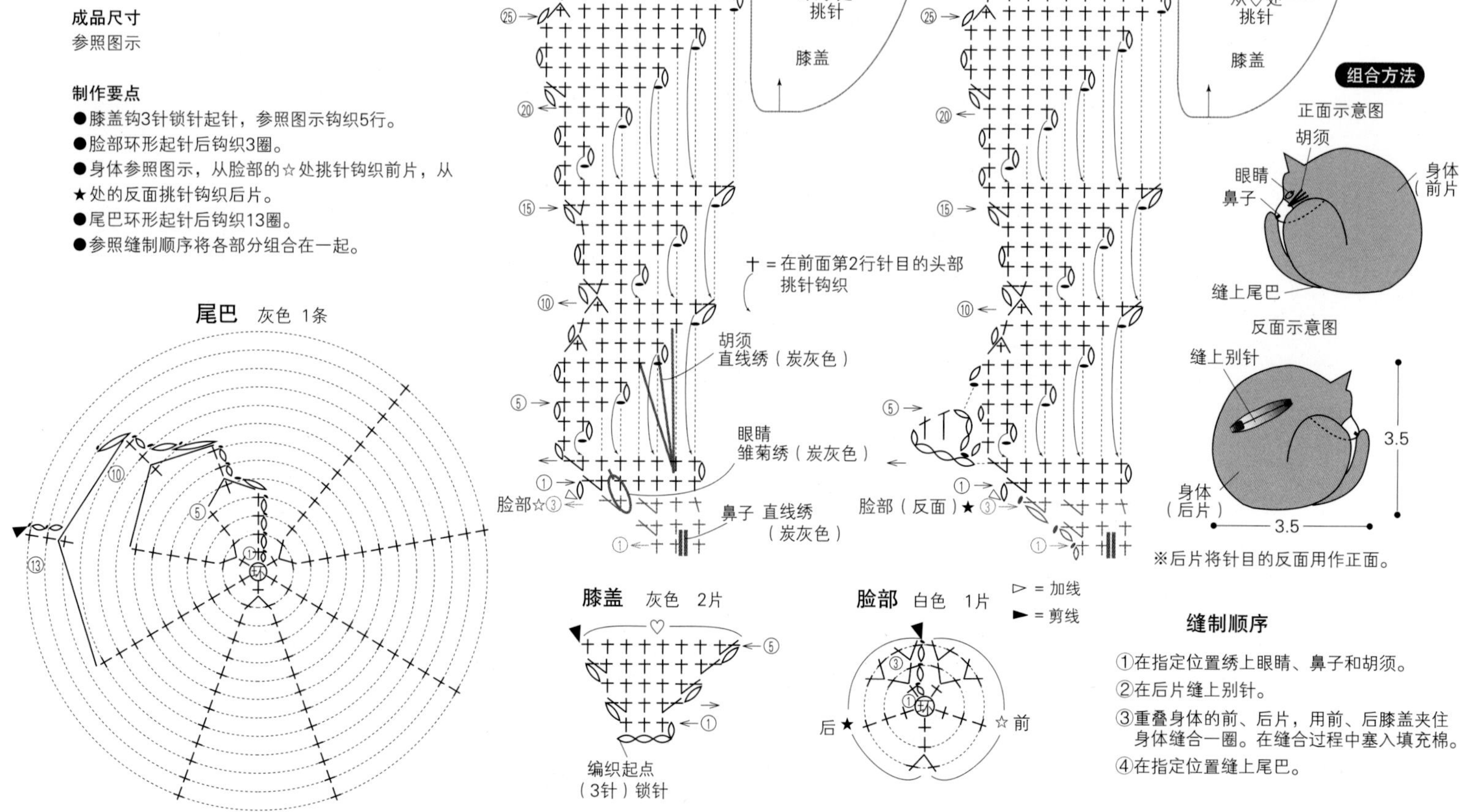

缝制顺序

①在指定位置绣上眼睛、鼻子和胡须。
②在后片缝上别针。
③重叠身体的前、后片，用前、后膝盖夹住身体缝合一圈。在缝合过程中塞入填充棉。
④在指定位置缝上尾巴。

p.49
南天竹

材料与工具

DMC Coton Perlé 8号线 绿色（500）0.5团
红色捷克串珠（扁圆切面珠2mm×3mm）16颗，
毛衣别针 1个
蕾丝钩针6号

成品尺寸

参照图示

制作要点

●在钩织枝条前先在线中穿入16颗串珠。环形起针后参照图示钩织。在加入串珠位置，将串珠钩在锁针里。
●在主体的指定位置穿入毛衣别针。

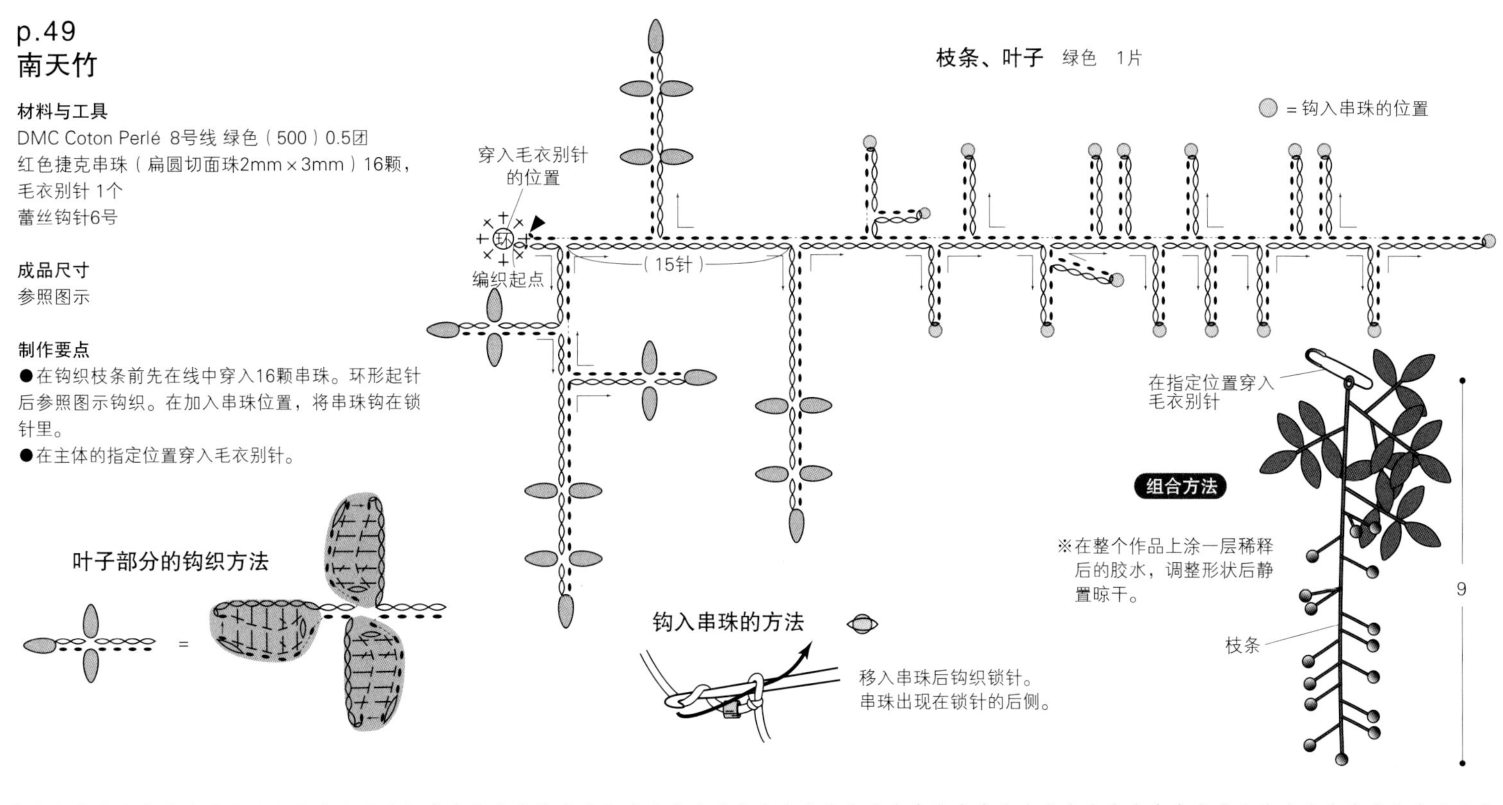

p.49
缩成一团的小狗

材料与工具

DMC Coton Perlé 8号线 炭灰色（413）、茶色（436）、原白色（ECRU）各0.5团
长1.5cm的别针 1个，填充棉适量
蕾丝钩针6号

成品尺寸

参照图示

制作要点

●膝盖钩3针锁针起针后参照图示钩织5行。
●脸部环形起针后钩织5圈。
●身体参照图示，从脸部的☆处挑针钩织前片，从★处的反面挑针钩织后片。
●尾巴环形起针后钩织11圈。
●参照缝制顺序将各部分组合在一起。

缝制顺序

①在指定位置绣上眼睛和鼻子。
②在后片缝上别针。
③重叠身体的前、后片，用前、后膝盖夹住身体缝合一圈。在缝合过程中塞入填充棉。
④在指定位置缝上尾巴。

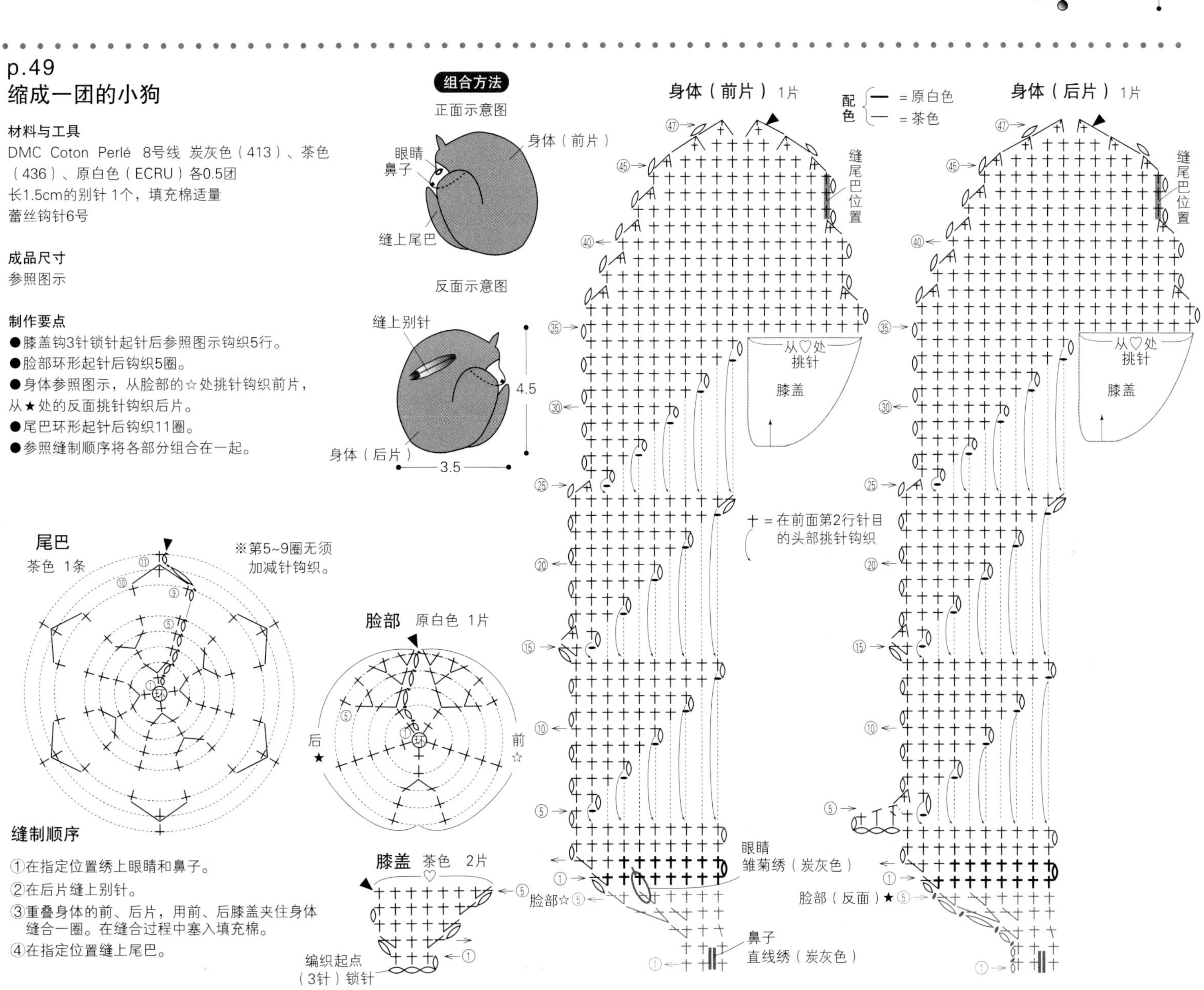

p.52
小猫帽和小老鼠连指手套

材料与工具

帽子：和麻纳卡 Amerry 灰色（22）35g，直径2cm的纽扣 2颗，直径1.5cm的纽扣 1颗，刺绣用的中粗毛线红色和深蓝色各少量

棒针5号、7号

连指手套：和麻纳卡 Amerry 灰色（22）25g，刺绣用的极细毛线深蓝色少量

棒针4号、5号，钩针5/0号

成品尺寸

帽子：头围46cm，帽深16cm

连指手套：掌围14cm，长13cm

编织密度

帽子

10cm×10cm面积内：上针编织21针，28行

连指手套

10cm×10cm面积内：桂花针23针，38行

制作要点

帽子

●用手指挂线起针法起96针，连接成环形后编织5圈双罗纹针。

●编织32圈上针，接着一边减针一边编织9圈。

●将最后的76针分成前、后各38针做盖针接合。

●绣上胡须，再缝上用作眼睛和鼻子的纽扣。

连指手套

●用手指挂线起针法起32针，连接成环形后编织10行双罗纹针。

●接着编织桂花针。在拇指位置编入另线。

●编织5行下针，接着一边减针一边编织最后的6行。

●在剩下的8针里穿2次线后收紧。

●解开拇指位置的另线，挑取12针后如图所示环形编织。指尖在剩下的6针里穿2次线后收紧。

●按主体相同要领起8针后开始编织耳朵，然后缝在指定位置。再绣上眼睛，缝上胡须。

●钩织细绳，缝在罗纹针的内侧。

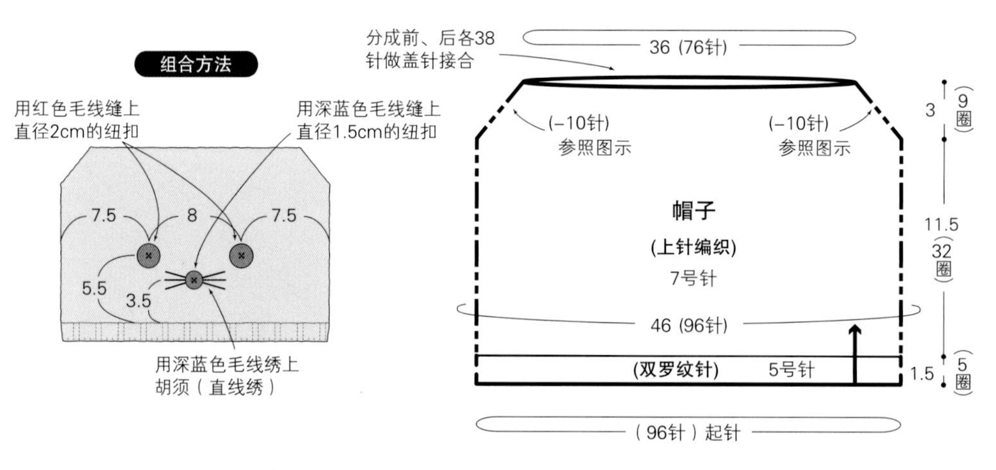

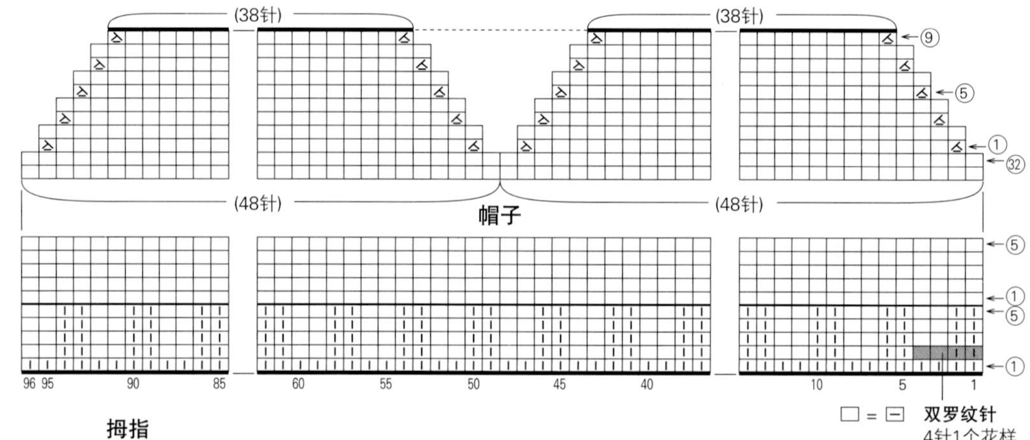

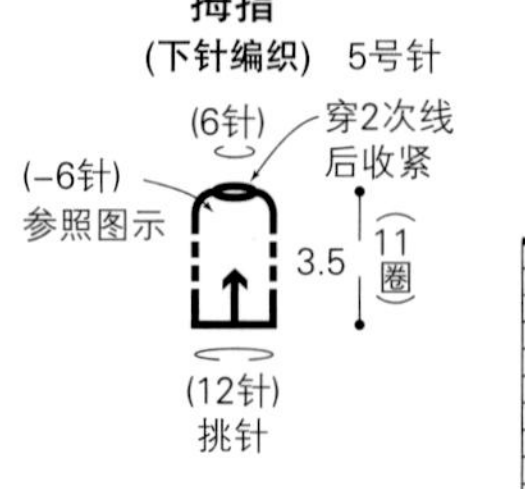

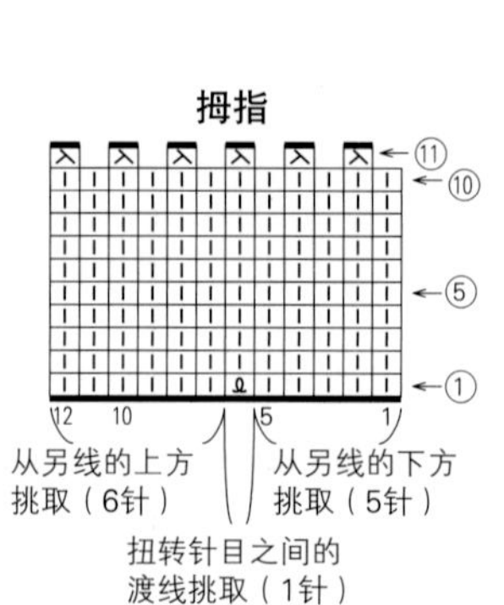

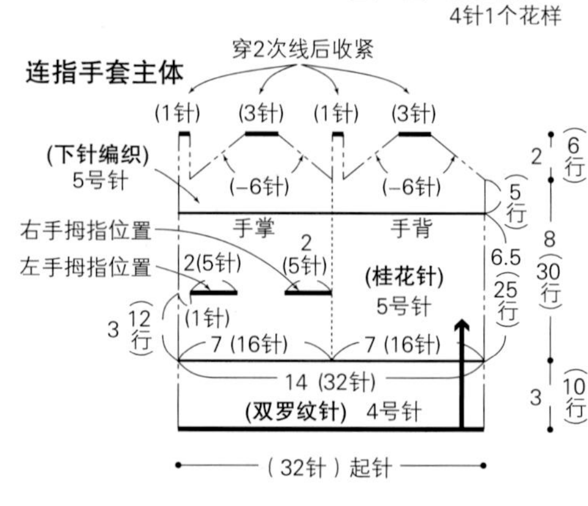

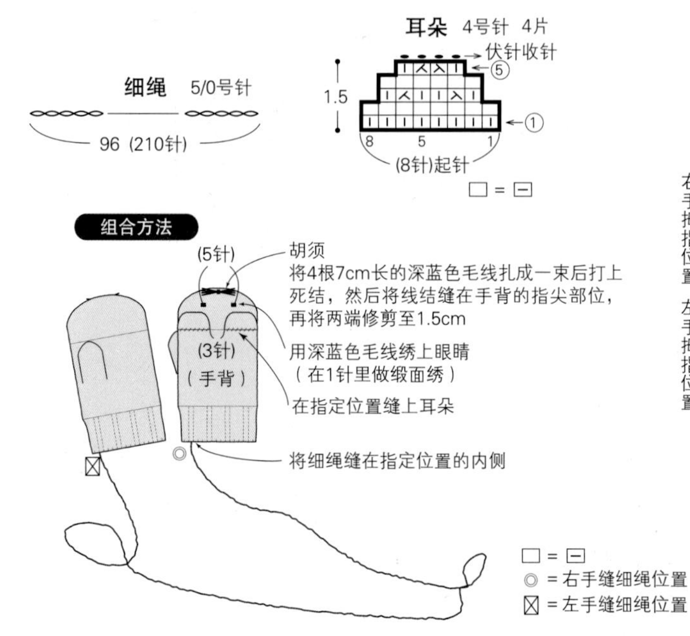

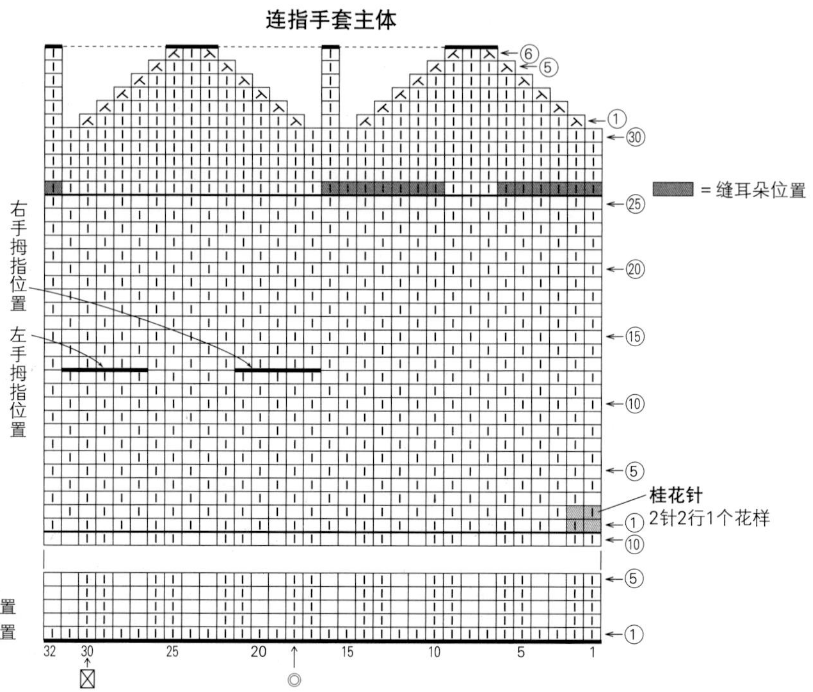

p.53
三角形披肩

材料与工具
芭贝 British Fine 白色（1）、米色（10）、灰蓝绿色（64）各25g
[同款不同色：芭贝 British Fine 沙米色（40）75g]
钩针5/0号

成品尺寸
宽94cm，长50cm

编织密度
条纹花样的1个花样为2cm，10行为10cm

制作要点
●钩1针锁针起针，如图所示按条纹花样钩织26行。再用米色线按边缘编织钩织6圈。
●用白色线钩锁针制作2条细绳，分别对折后系在转角处。
●同款不同色的另一条披肩全部用沙米色线钩织。

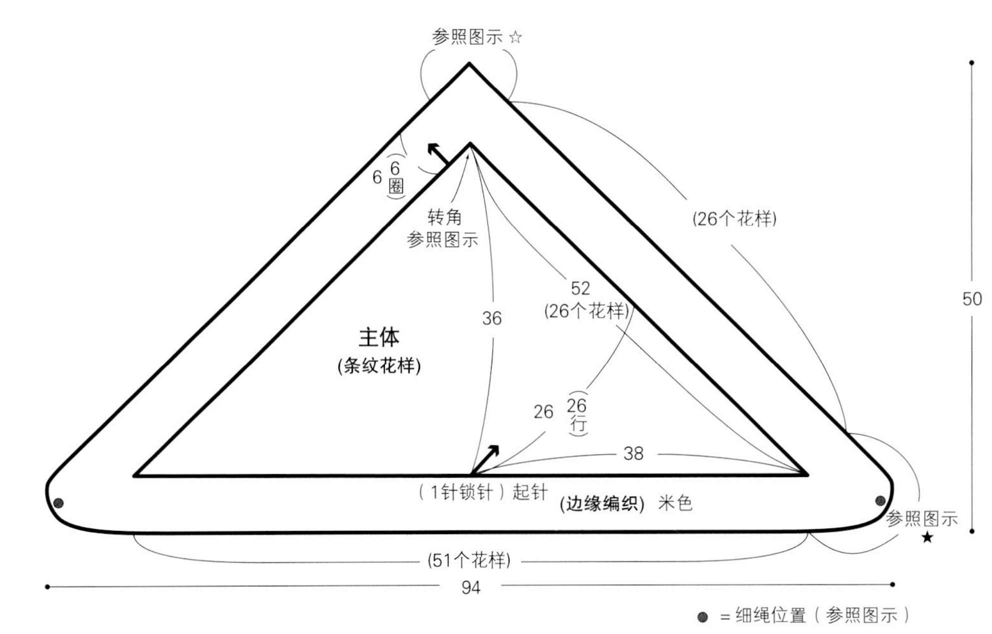

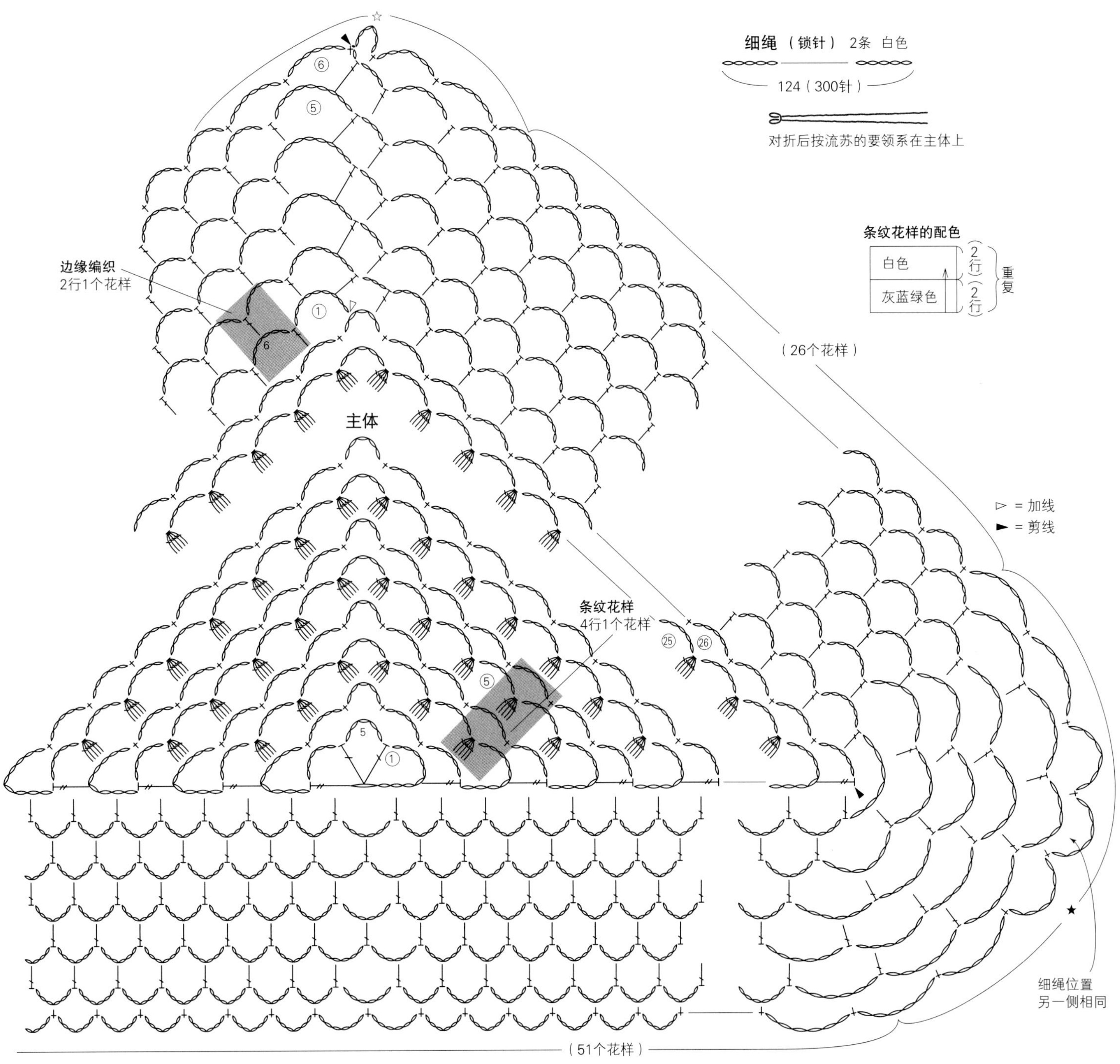

p.53
保暖袖套

材料与工具

Okadaya Daily系列 中粗美利奴羊毛 莓红色（4）75g，烟灰色（18）35g

棒针5号

成品尺寸

腕围23cm，长38cm

编织密度

10cm×10cm面积内：配色花样A、B均为23.5针，26.5行；下针编织23.5针，30行

制作要点

●用烟灰色线手指挂线起针后编织8行双罗纹针。接着按配色花样A编织34行，配色花样按横向渡线的方法编织。然后用莓红色线做下针编织，再如图所示编织配色花样B和双罗纹针。结束时与前一行织相同的针目做伏针收针。

●留出拇指洞位置挑针缝合成环形。按相同要领编织另一只保暖袖套。

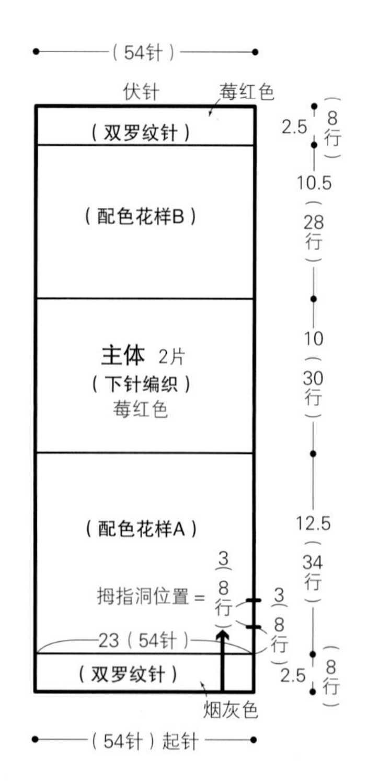

p.42
钩针编织的麻花花样

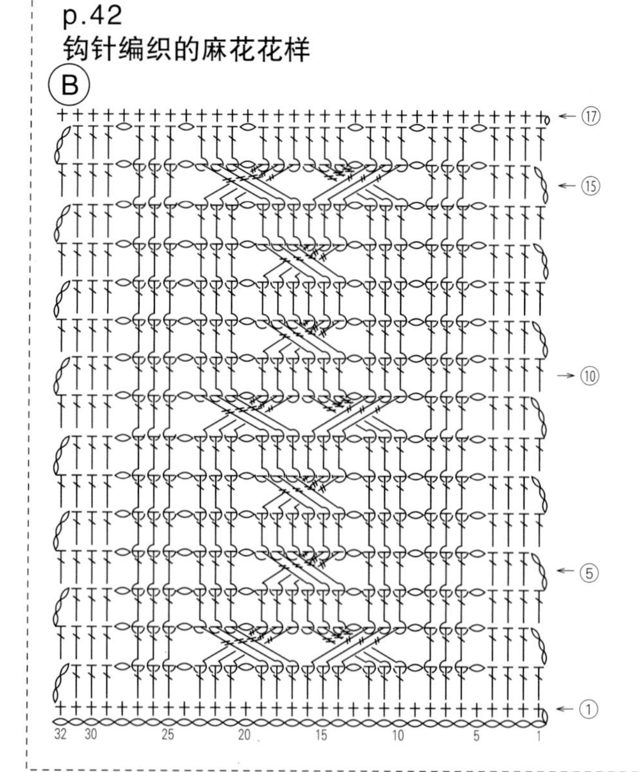

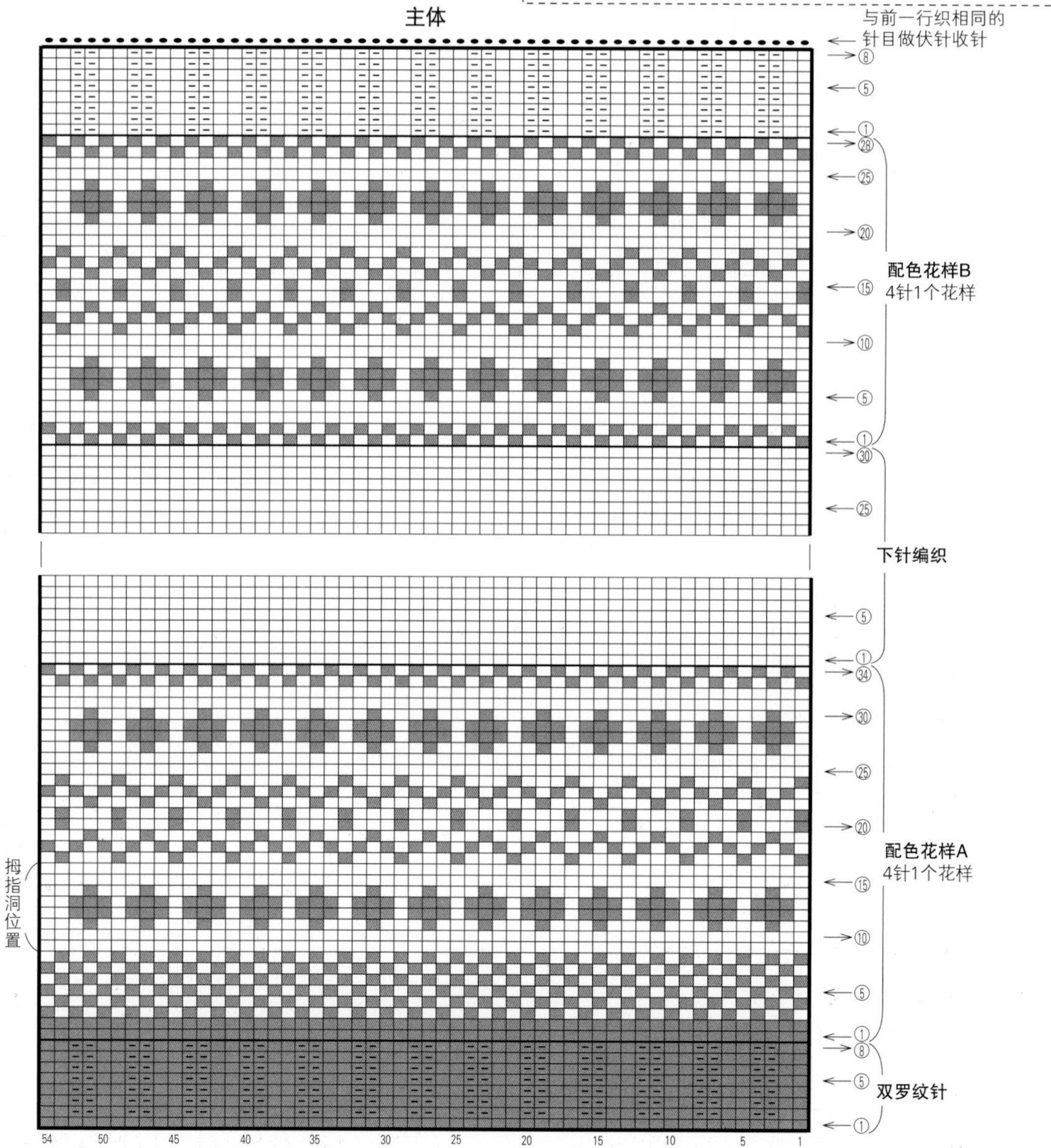

p.54
礼帽

材料与工具

和麻纳卡 Aran Tweed 茶色系混染（8）100g
定型条（H204-593）25m，热收缩管（H204-605）10cm
钩针8/0号

成品尺寸

头围56.5cm，帽深11cm

编织密度

10cm×10cm面积内：短针17针，18行

制作要点

●环形起针，加入定型条钩织短针。用热收缩管连接定型条，全部包在针目里面钩织。从帽顶一边加针一边钩织18圈。接着帽身无须加针钩织20圈。帽檐一边加针一边钩织8圈。

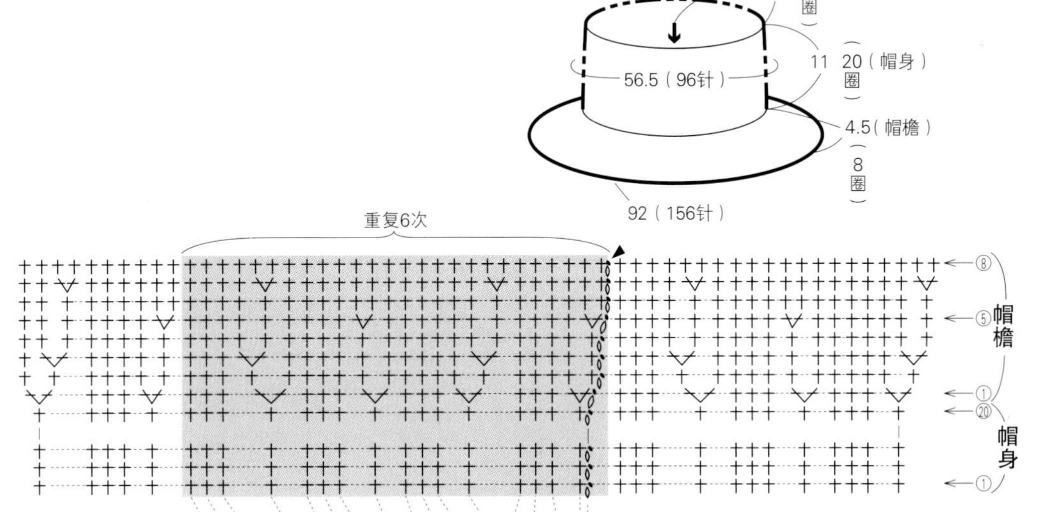

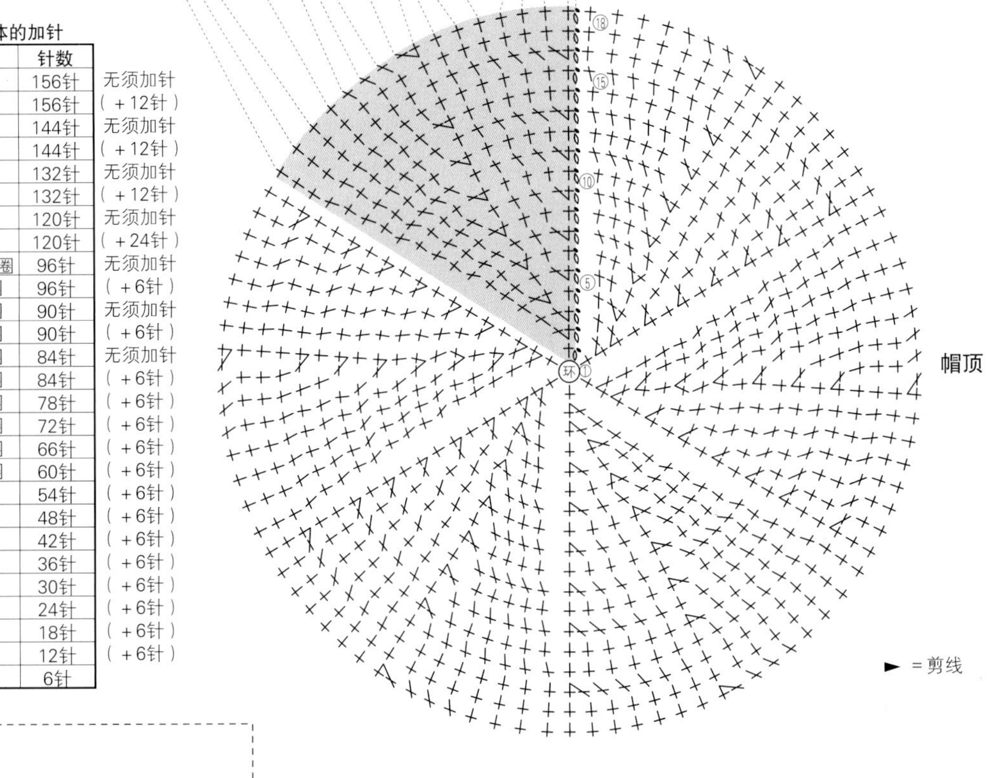

主体的加针

	圈数	针数	
帽檐	第8圈	156针	无须加针
	第7圈	156针	（+12针）
	第6圈	144针	无须加针
	第5圈	144针	（+12针）
	第4圈	132针	无须加针
	第3圈	132针	（+12针）
	第2圈	120针	无须加针
	第1圈	120针	（+24针）
帽身	第1~20圈	96针	无须加针
帽顶	第18圈	96针	（+6针）
	第17圈	90针	无须加针
	第16圈	90针	（+6针）
	第15圈	84针	无须加针
	第14圈	84针	（+6针）
	第13圈	78针	（+6针）
	第12圈	72针	（+6针）
	第11圈	66针	（+6针）
	第10圈	60针	（+6针）
	第9圈	54针	（+6针）
	第8圈	48针	（+6针）
	第7圈	42针	（+6针）
	第6圈	36针	（+6针）
	第5圈	30针	（+6针）
	第4圈	24针	（+6针）
	第3圈	18针	（+6针）
	第2圈	12针	（+6针）
	第1圈	6针	

p.42
钩针编织的麻花花样

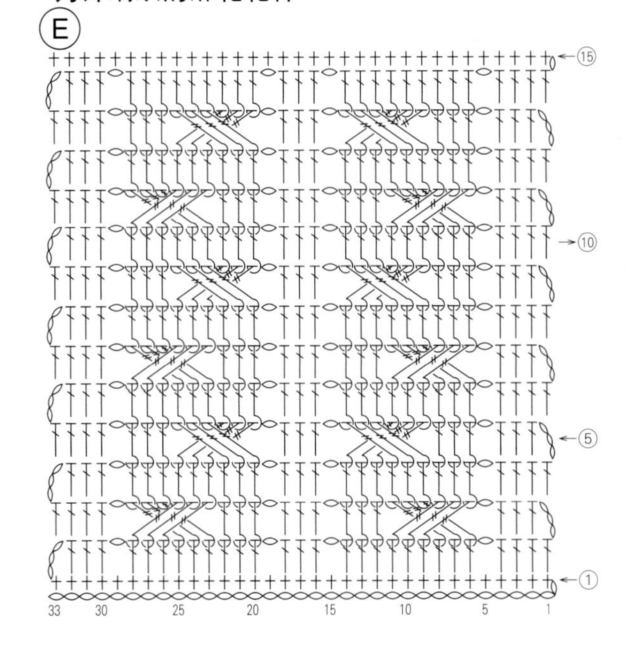

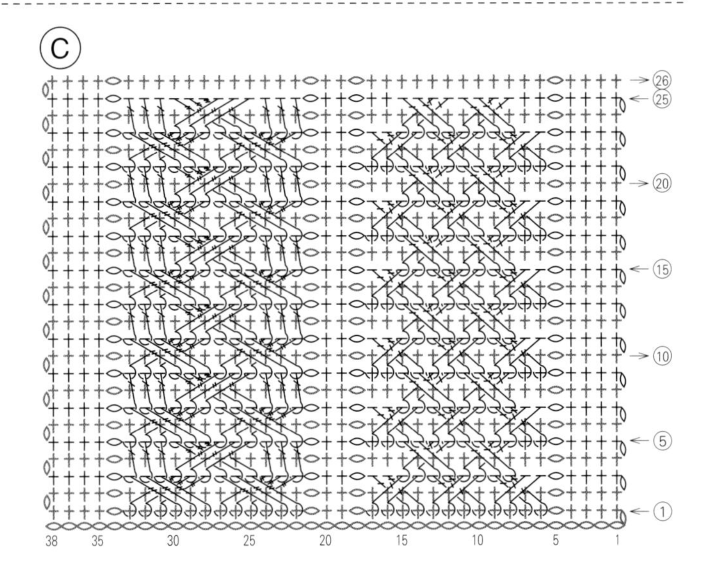

p.53
保暖袜套

材料与工具

Okadaya Daily系列 中粗美利奴羊毛 深绿色（9）80g

[同款不同色：Okadaya Daily系列 中粗美利奴羊毛 青紫色（15）80g]

棒针5号

成品尺寸

腿围23cm，长33cm

编织密度

10cm×10cm面积内：双罗纹针33.5针，29.5行；编织花样26针，27.5行

制作要点

●用手指挂线起针法起60针，连接成环形。编织50圈双罗纹针，接着如图所示按编织花样编织44圈。

●结束时与前一圈织相同的针目做伏针收针。按相同要领编织另一只保暖袜套。

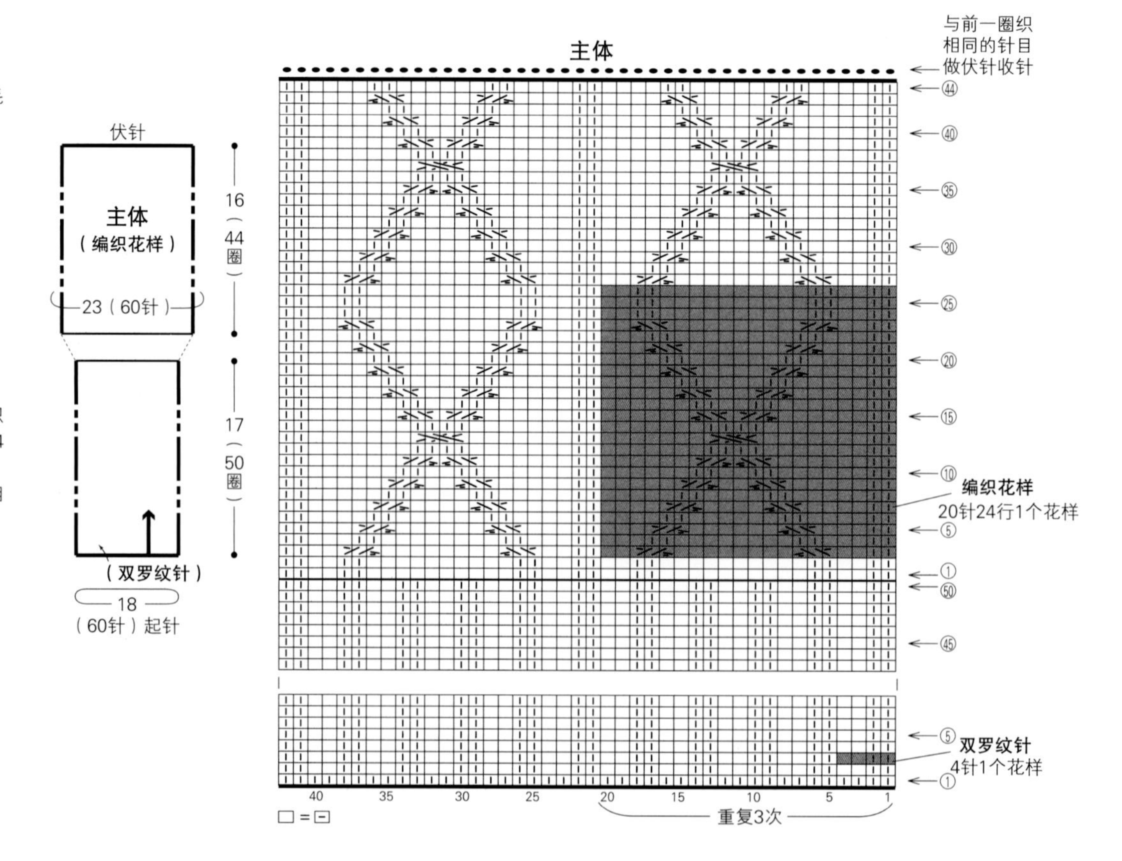

p.54
双色围脖

材料与工具

芭贝 Soft Donegal 茶色系混染（5210）、米色系混染（5229）各40g

棒针10号

成品尺寸

颈围59cm，长29cm

编织密度

10cm×10cm面积内：双罗纹针14针，21行；桂花针13.5针，21行

制作要点

●用茶色系混染线手指挂线起针，起80针后连接成环形，编织30圈双罗纹针。然后换成米色系混染线，编织30圈桂花针。

●结束时织与前一圈相反的针目做伏针收针。

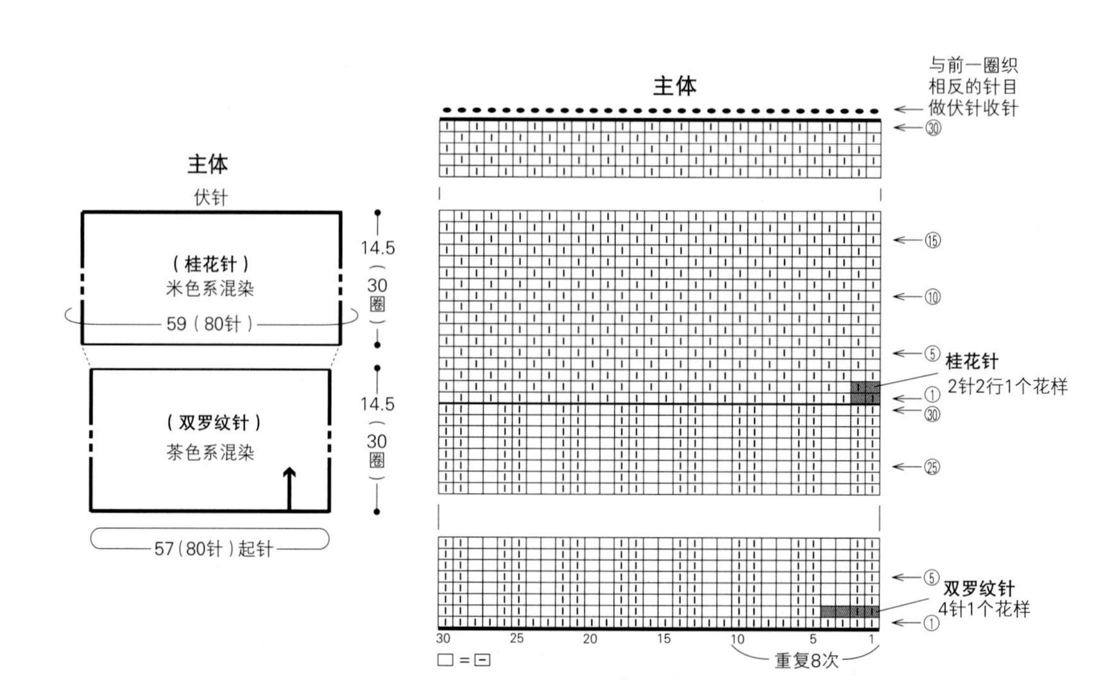

p.54
手织领带（右）

材料与工具
DARUMA Merino极粗 深棕色（305）30g，灰米色（304）20g
钩针6/0号

成品尺寸
宽5cm，长147cm

编织密度
10cm×10cm面积内：条纹花样20针，11行

制作要点
●主体用灰米色线钩10针锁针起针，按条纹花样钩织。注意第2、3行的花样有变化。由于是每行换色钩织的条纹花样，将暂停钩织的配色线包在针目里面渡线至另一侧。
●领带扣按主体相同要领起9针，钩织2行短针。将领带扣的两端缝在主体反面的指定位置。

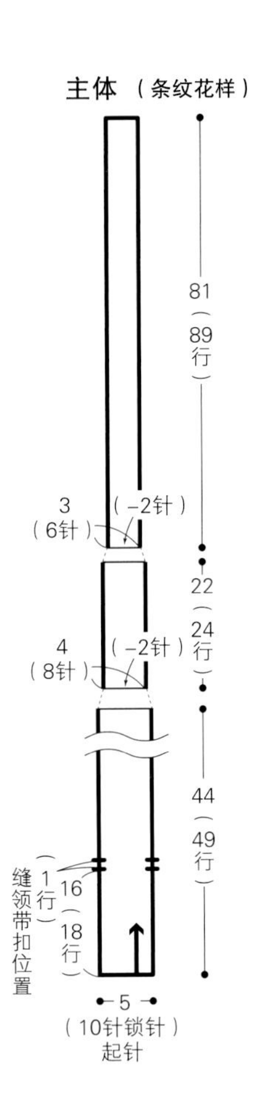

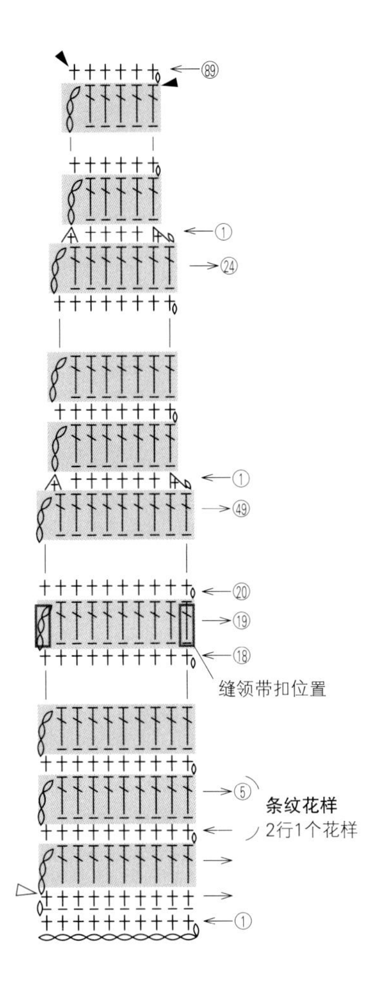

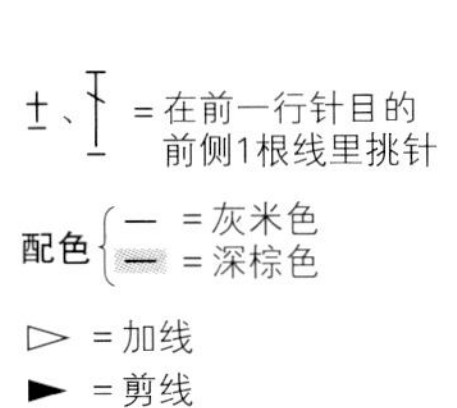

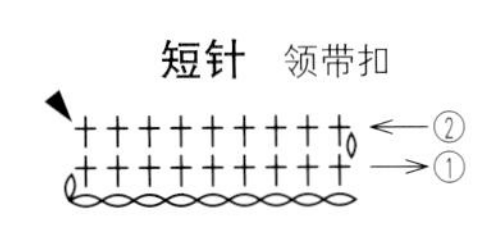

p.54
手织领带（左）

材料与工具
DARUMA Pom Pom Wool 深蓝色、橘色混染（5）50g
棒针5号

成品尺寸
宽5cm，长146.5cm

编织密度
10cm×10cm面积内：桂花针18针，30行

制作要点
●主体手指挂线起针后编织桂花针。如图所示，一边在指定位置减针一边编织，结束时做伏针收针。
●领带扣按主体相同要领起9针，编织2行桂花针后做伏针收针。将领带扣的两端缝在主体反面的指定位置。

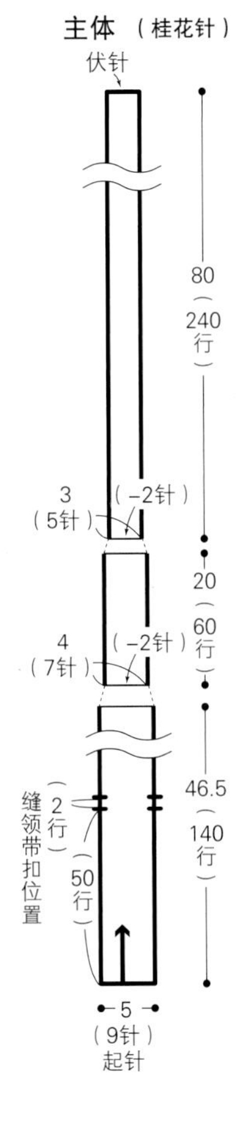

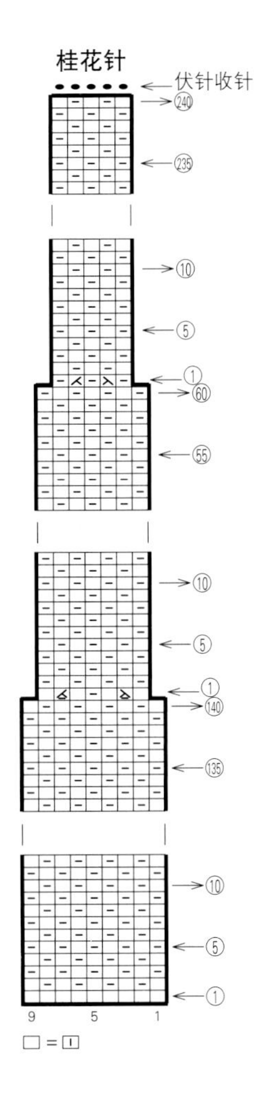

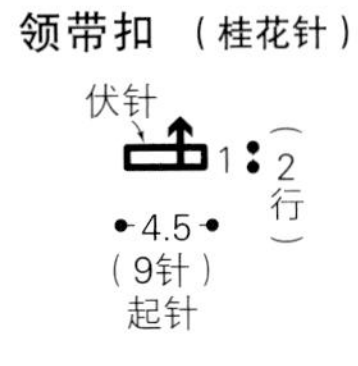

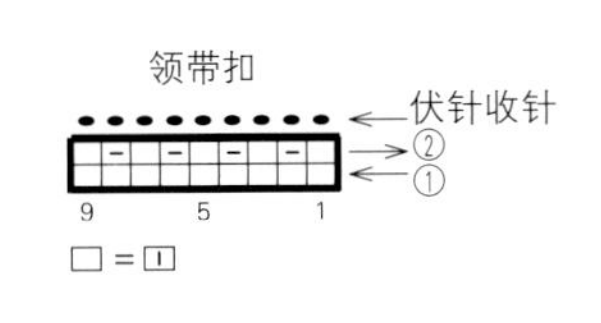

p.55
亲子袜

材料与工具

和麻纳卡 Wanpaku Denis
S号：灰色（34）30g，橘色（44）20g
M号：灰色（34）55g，红色（38）30g
L号：灰色（34）60g，绿色（46）30g
棒针5号

成品尺寸

S号：袜底长16.5cm，袜筒长13.5cm
M号：袜底长22.5cm，袜筒长21.5cm
L号：袜底长24.5cm，袜筒长21.5cm

编织密度

10cm×10cm面积内：下针编织20针，28行；
编织花样的1个花样为10针3cm，28行10cm

制作要点

●手指挂线起针后连接成环形，编织16圈单罗纹针条纹花样。接着如图所示按下针编织和编织花样编织。袜跟用往返编织的方法分别用指定颜色的线编织指定行数。从下针编织开始换成灰色线，环形编织至袜头位置。袜头换成指定颜色，一边减针一边编织。
●袜头做下针无缝接合，袜跟做挑针缝合。

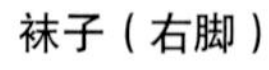

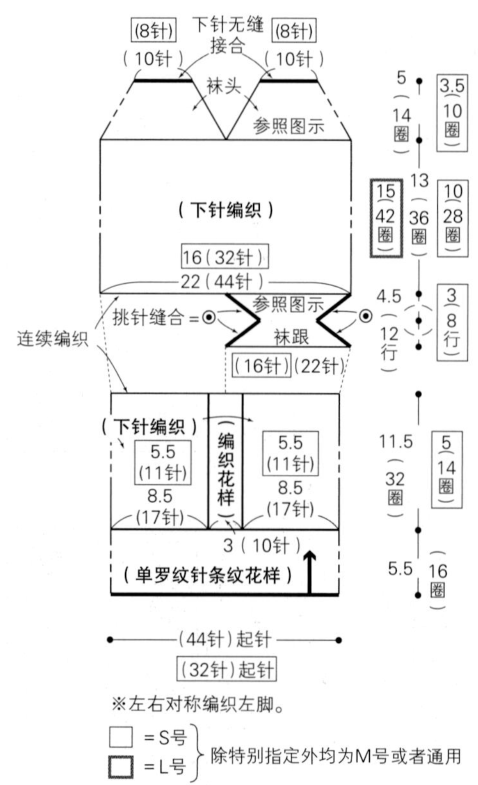

配色表

尺寸	袜跟、袜头
S号	橘色
M号	红色
L号	绿色

※除特别指定外均用灰色线编织。

单罗纹针条纹花样的配色表

圈数	S号	M号	L号
第15、16圈	灰色	灰色	灰色
第13、14圈	橘色	红色	绿色
第11、12圈	灰色	灰色	灰色
第9、10圈	橘色	红色	绿色
第7、8圈	灰色	灰色	灰色
第1~6圈	橘色	红色	绿色

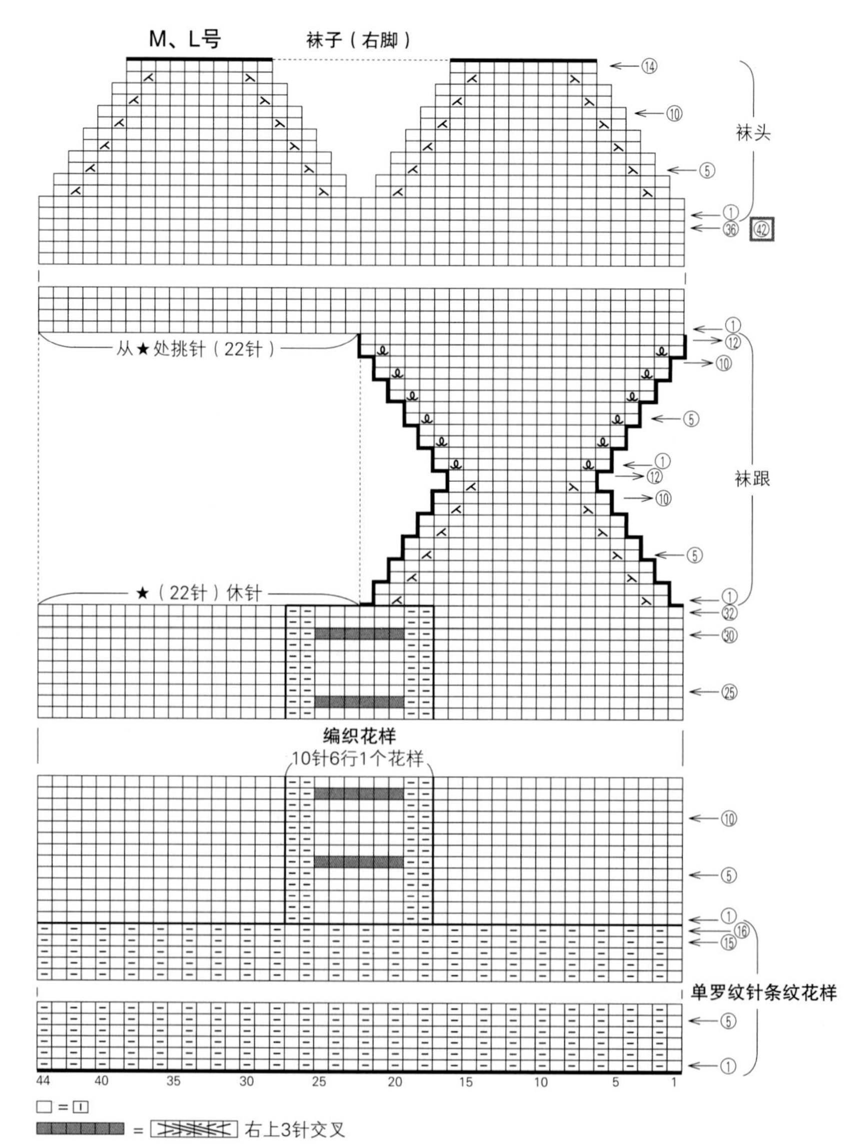

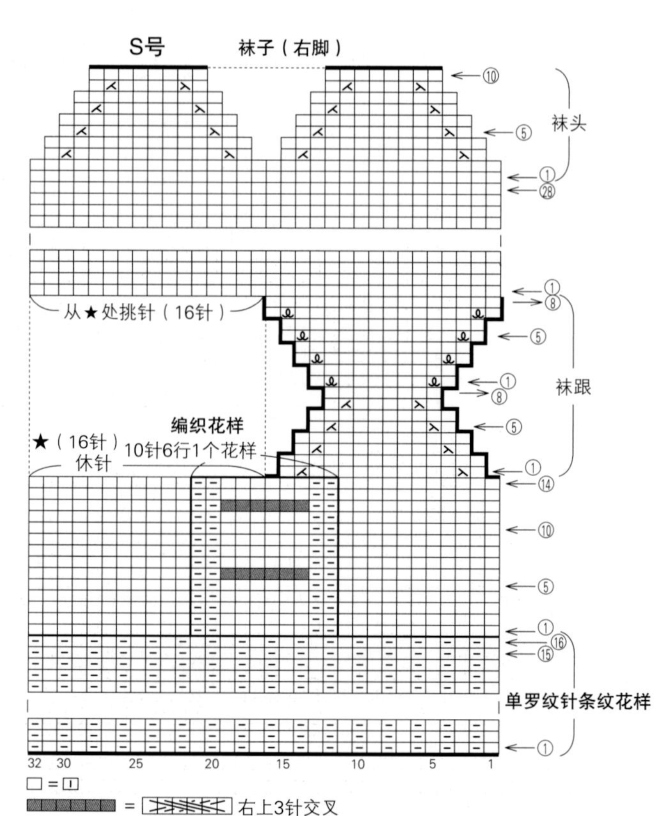

p.55
毛线短裤

材料与工具

宝贝款：芭贝 Queen Anny 黄色（892）55g、灰色（991）45g，宽0.5cm、长40cm的松紧带

妈妈款：芭贝 Queen Anny 粉红色（108）100g、浅灰色（976）50g，宽0.5cm、长60cm的松紧带

棒针6号

成品尺寸

宝贝款（100cm）：腰围58cm，长27cm

妈妈款：腰围82cm，长33cm

编织密度

10cm×10cm面积内：下针条纹花样20针，24行

制作要点

●手指挂线起针后编织单罗纹针。接着配色编织下针条纹花样。裤裆以下部分无须加减针，裤裆以上部分一边在前、后面减针一边编织。减2针及以上时做伏针减针，减1针时立起侧边1针减针。然后一边做指定针目的引返编织一边继续编织指定行数，结束时做伏针收针。

●左右对称编织短裤的左片，将左、右片挑针缝合。参照图示在腰部穿入松紧带。

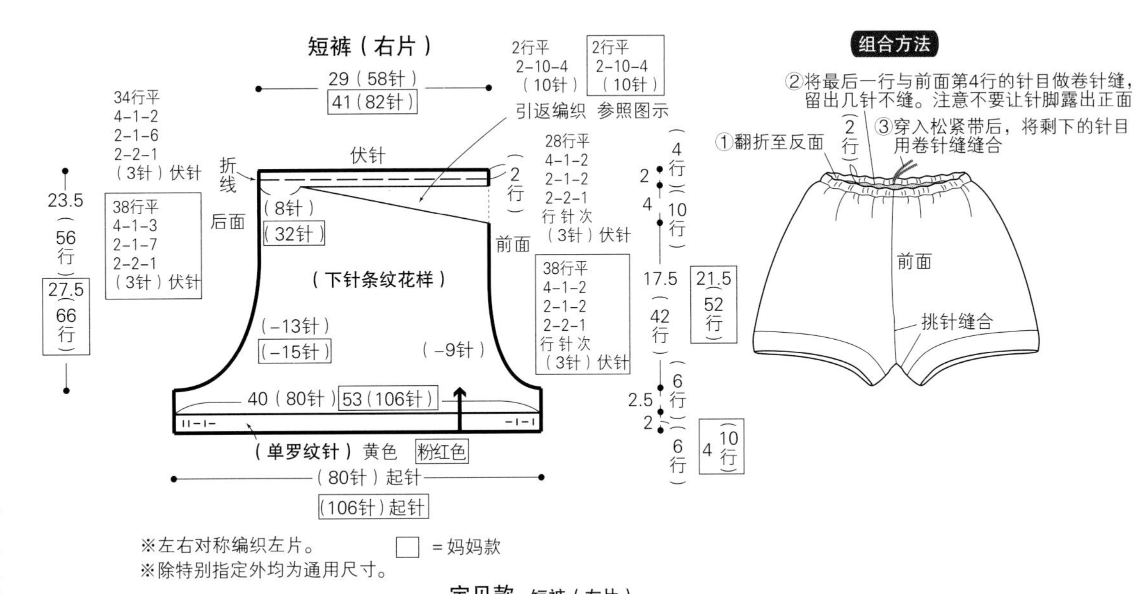

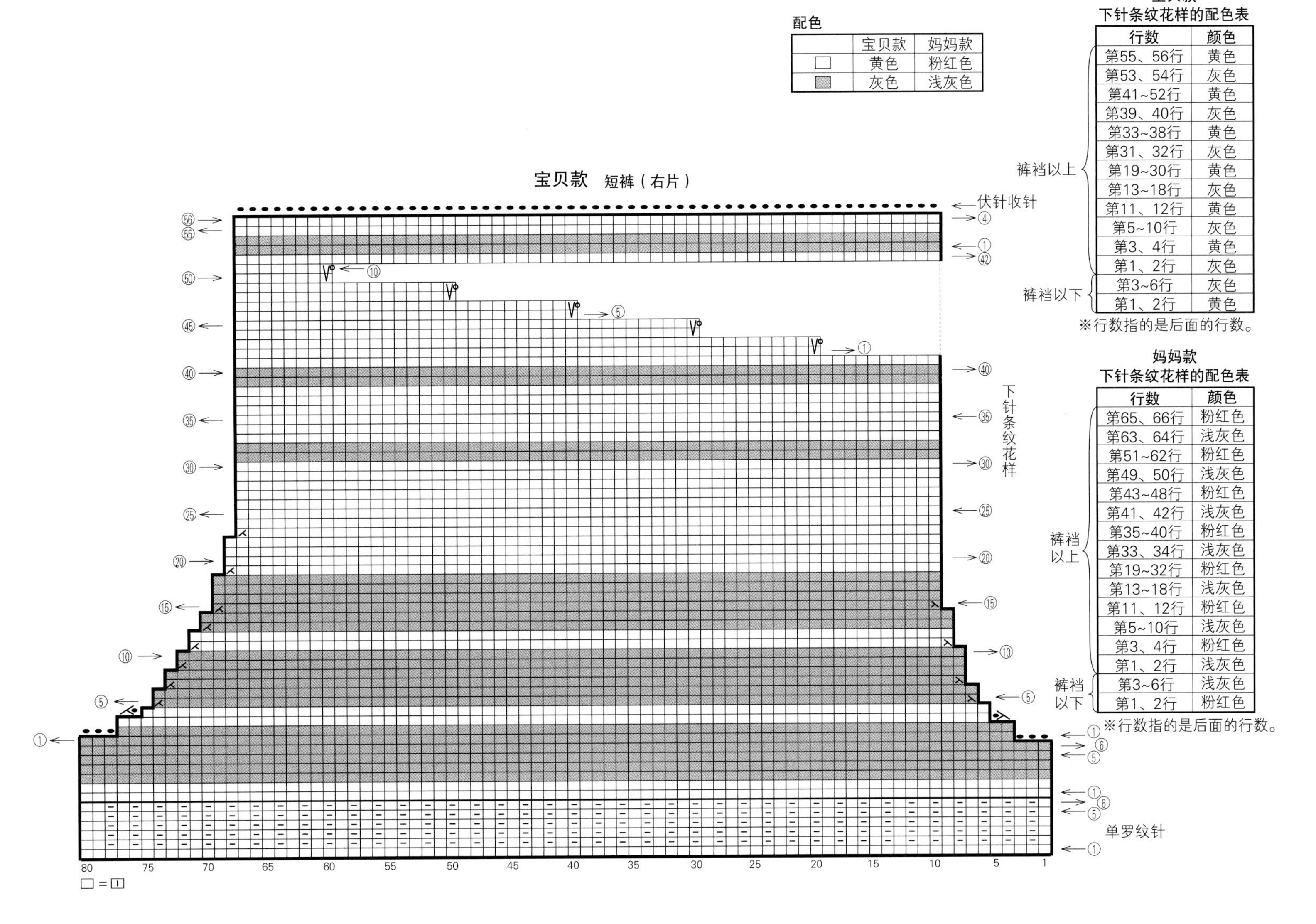

配色

	宝贝款	妈妈款
□	黄色	粉红色
■	灰色	浅灰色

宝贝款
下针条纹花样的配色表

	行数	颜色
裤裆以上	第55、56行	黄色
	第53、54行	灰色
	第41~52行	黄色
	第39、40行	灰色
	第33~38行	黄色
	第31、32行	灰色
	第19~30行	黄色
	第13~18行	灰色
	第11、12行	黄色
	第5~10行	灰色
	第3、4行	黄色
	第1、2行	灰色
裤裆以下	第3~6行	灰色
	第1、2行	黄色

※行数指的是后面的行数。

妈妈款
下针条纹花样的配色表

	行数	颜色
裤裆以上	第65、66行	粉红色
	第63、64行	浅灰色
	第51~62行	粉红色
	第49、50行	浅灰色
	第43~48行	粉红色
	第41、42行	浅灰色
	第35~40行	粉红色
	第33、34行	浅灰色
	第19~32行	粉红色
	第13~18行	浅灰色
	第11、12行	粉红色
	第5~10行	浅灰色
	第3、4行	粉红色
	第1、2行	浅灰色
裤裆以下	第3~6行	浅灰色
	第1、2行	粉红色

※行数指的是后面的行数。

p.33
发带 a

材料与工具

和麻纳卡 Lupo 浅茶色（2）20g，Amerry 米白色（20）10g
棒针8号

成品尺寸

头围45cm，宽7cm

编织密度

10cm×10cm面积内：双罗纹针13.5针，22.5行（Lupo）；32针，22.5行（Amerry）

制作要点

●另线锁针起针，Lupo线部分起6针，Amerry线部分起8针，按纵向渡线的方法编织双罗纹针。
●编织41行后，Amerry线的针目暂停编织，只用Lupo线继续编织20行后休针备用。
●用刚才暂停编织的Amerry线继续编织24行，从前面Lupo线编织的织片下方穿过，交叉一次。再次按纵向渡线的方法用Lupo和Amerry线编织41行。
●解开另线锁针的针目，与编织终点的针目做引拔接合（分别用对应的Amerry线和Lupo线做引拔）。

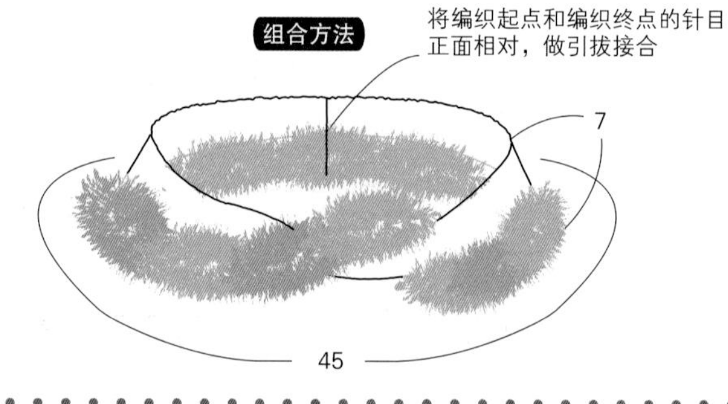

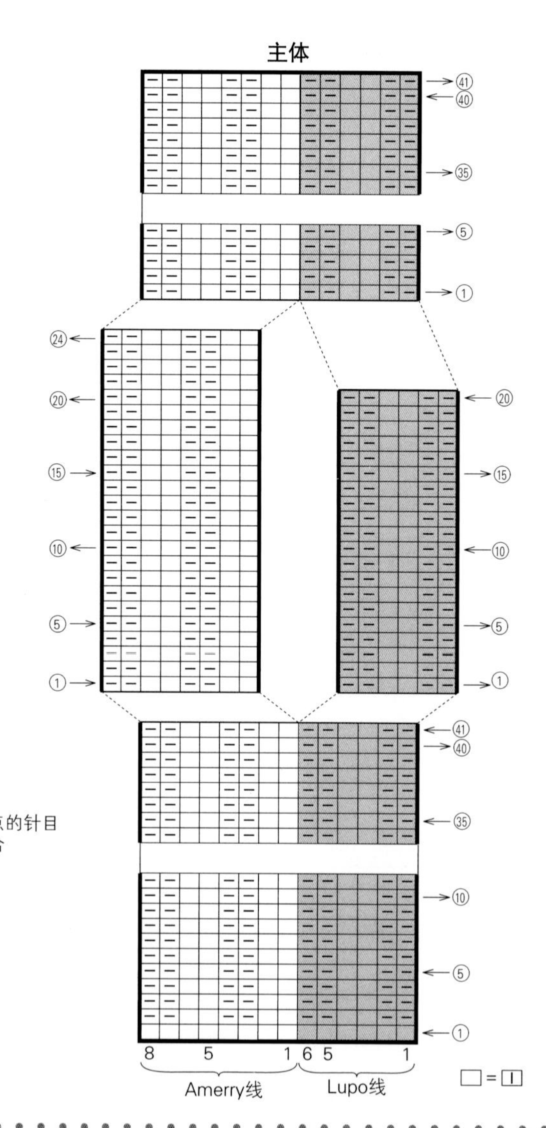

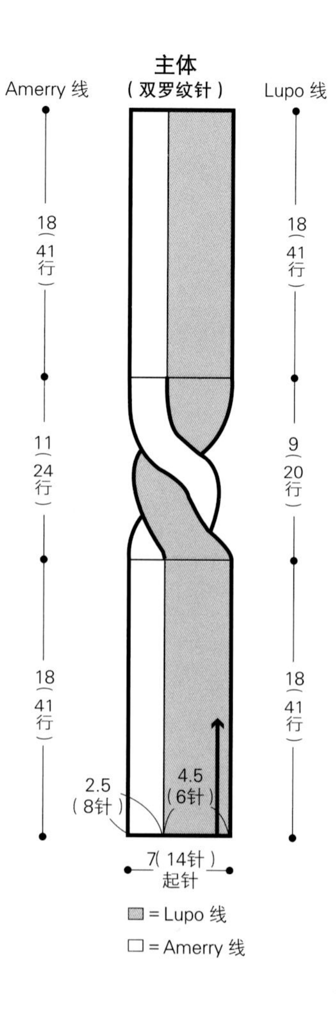

p.33
发带 b

材料与工具

和麻纳卡 Exceed Wool L（中粗）卡其色（321）、翠蓝色（346）各35g
钩针5/0号

成品尺寸

头围50cm，宽10cm

编织密度

10cm×10cm面积内：编织花样19针，14行

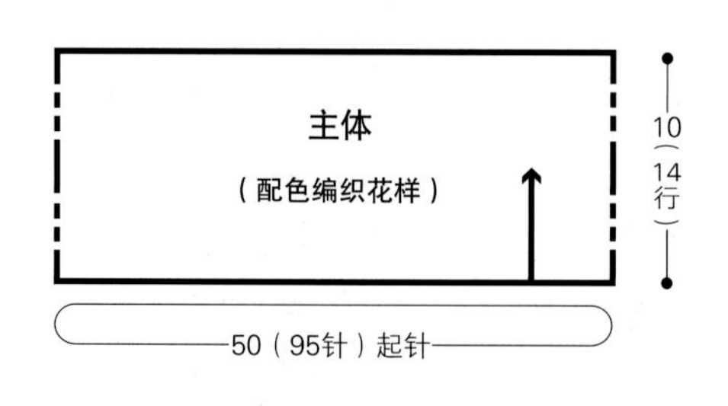

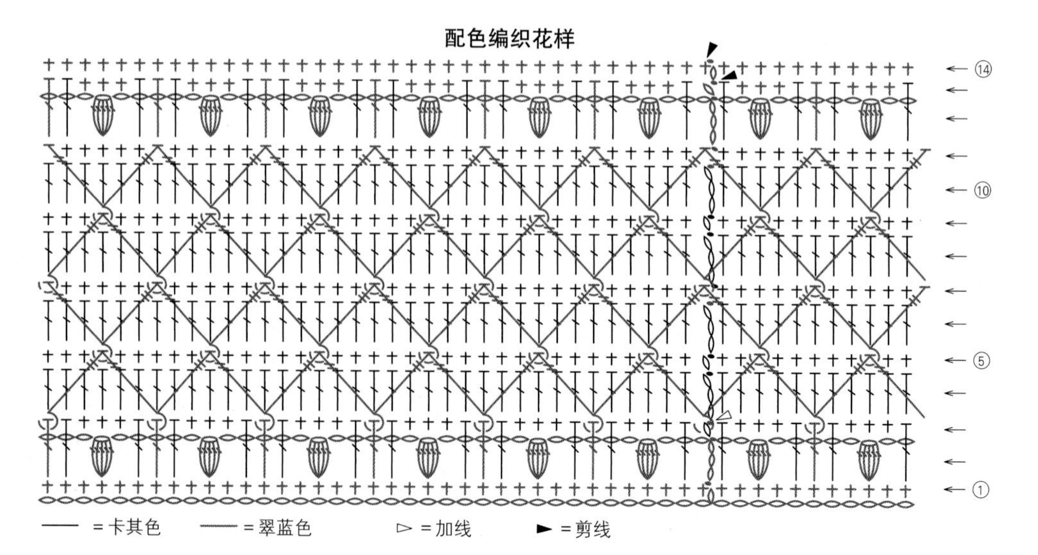

制作要点

●从第3圈开始，所有的奇数圈都将翠蓝色线包在针目里渡线钩织。更换配色时，在前一针做最后的引拔时换线。

起针、第1和第2圈…用翠蓝色线钩95针锁针起针，连接成环形后按针法符号图钩织。

第3圈…用卡其色线立织1针锁针（第1针里不织短针）。钩长针时，在第1圈针目里插入钩针并将前一圈的锁针包在针目里钩织。用卡其色线和翠蓝色线做配色编织。

第4圈…按符号图钩织长针。

第5圈…用卡其色线立织1针锁针，钩2针短针。接着用翠蓝色线在第3圈立织的锁针以及跳过5针后的长针里挑针，钩织长长针的正拉针的2针并1针。后面按相同要领继续钩织。

第6圈…按符号图钩织长针，最后用翠蓝色线引拔。

第7圈…无须立织锁针，直接在前面第2圈的前、后第3针里挑针，钩织长长针的正拉针的2针并1针。后面按相同要领继续钩织。

p.33
发带 c

材料与工具

和麻纳卡 Amerry 米白色（20）25g

棒针10号、12号

成品尺寸

头围44cm，宽8cm

编织密度

10cm×10cm面积内：编织花样25针，17.5行；

双罗纹针26.5针，20行

制作要点

●用手指挂线起针法起16针，编织4行下针编织和18行双罗纹针。

●加4针后按编织花样编织78行。

●减4针后编织12行双罗纹针。然后将双罗纹针部分对折，一边在第1行针目的沉环（下线圈）里挑针，一边做伏针收针，收针时织得稍紧一点。

完成图

44

8

将编织起点的双罗纹针部分穿入另一端折成双层的环中

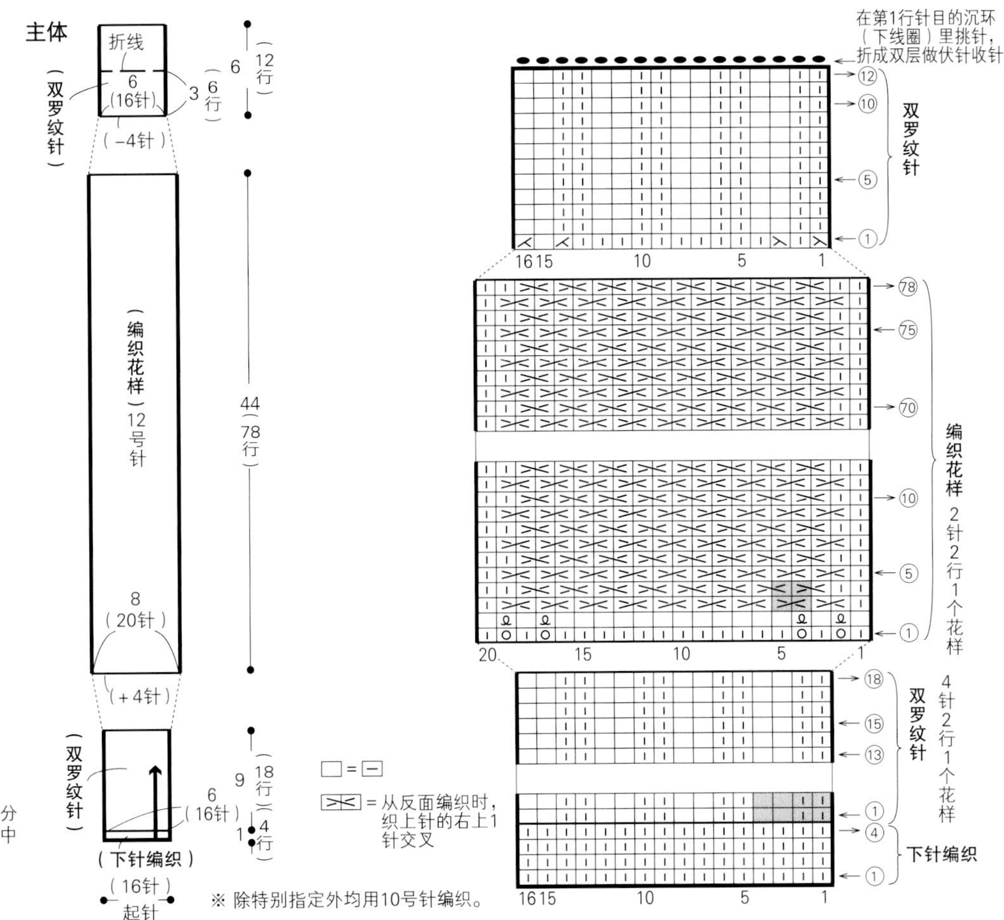

p.33
发带 e

材料与工具

和麻纳卡 Amerry 米白色（20）、浅绿色（1）各10g，炭灰色（30）5g

棒针5号、6号，钩针5/0号（用于另线锁针起针和引拔收针）

成品尺寸

头围46cm，宽7cm（实测）

编织密度

10cm×10cm面积内：下针编织26.5针，24行；

单罗纹针30针，26行；桂花针23.5针，32行

制作要点

●另线锁针起针，米白色线起7针，浅绿色线起9针，炭灰色线起8针，分别钩织桂花针、单罗纹针和下针编织。结束时休针备用。

●解开另线锁针的线，按炭灰色、浅绿色、米白色的顺序将3个织片编织起点的针目重叠起来做引拔收针，然后重复4次三股辫的编织。将编织终点的针目也重叠在一起做引拔收针。

●将编织起点和编织终点各自叠成3层引拔收针后的针目正面相对，做引拔接合。

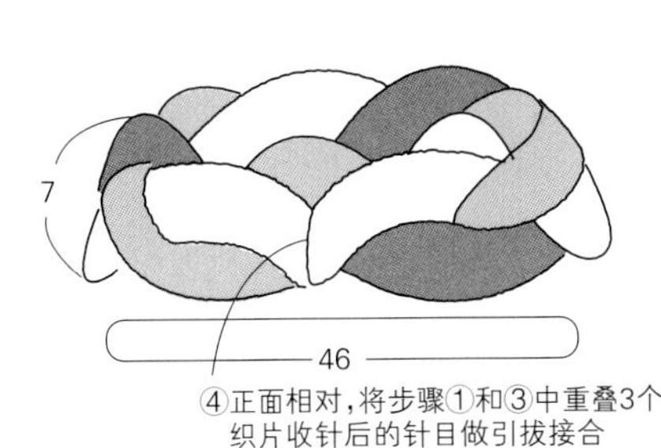

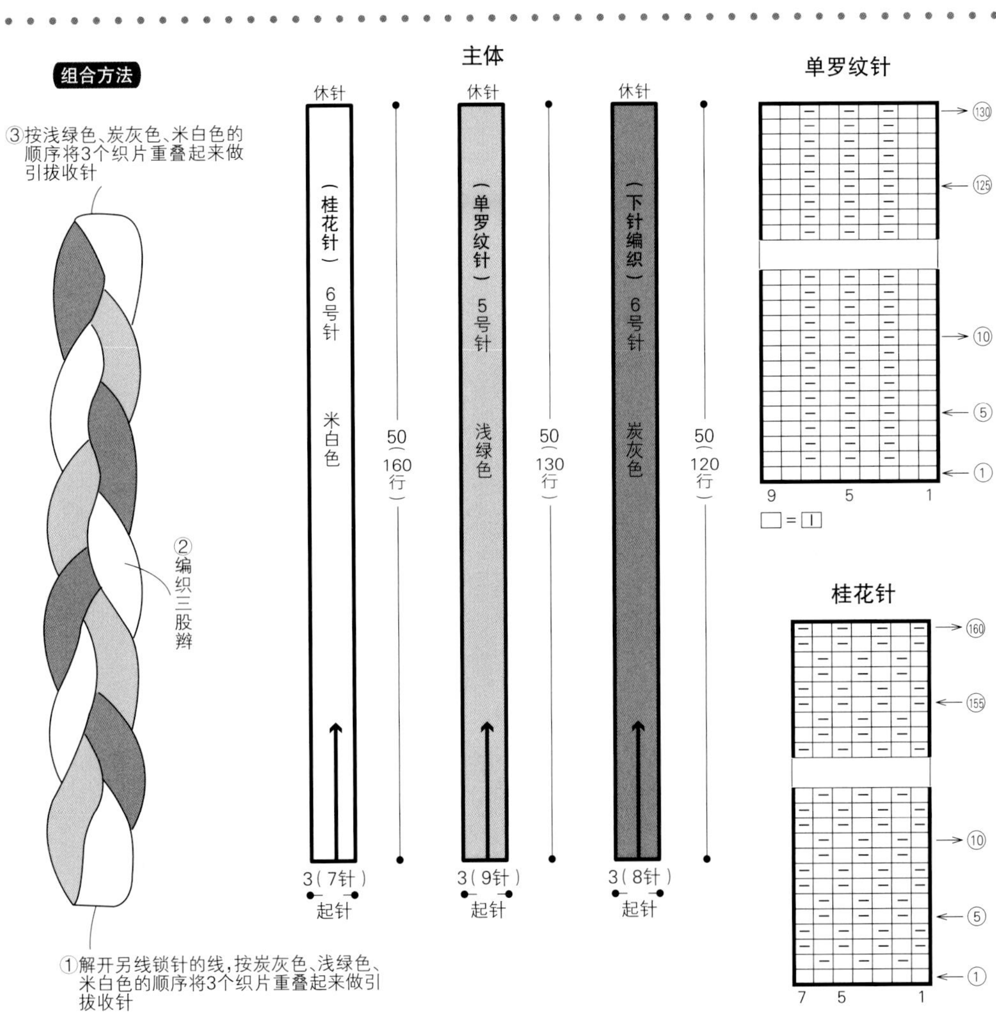

p.33
发带 d

材料与工具
和麻纳卡 Amerry 海军蓝色（17）25g
棒针6号，钩针5/0号（用于引拔接合）

成品尺寸
头围48cm，宽11cm

编织密度
10cm×10cm面积内：编织花样27针，25行

制作要点
●用另线锁针起15针后，按编织花样编织24行。
●参照图示，一边加针一边编织10行，接着继续编织52行。
●一边减针一边编织10行，接着继续编织24行。结束时休针备用。
●解开编织起点另线锁针的线，与编织终点的针目正面相对做引拔接合。

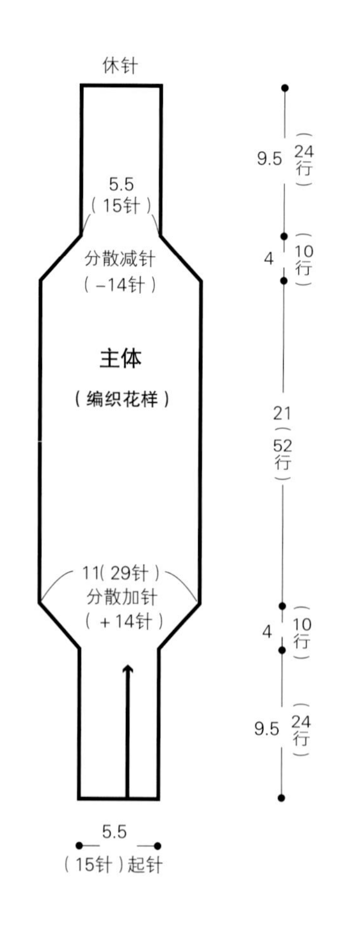

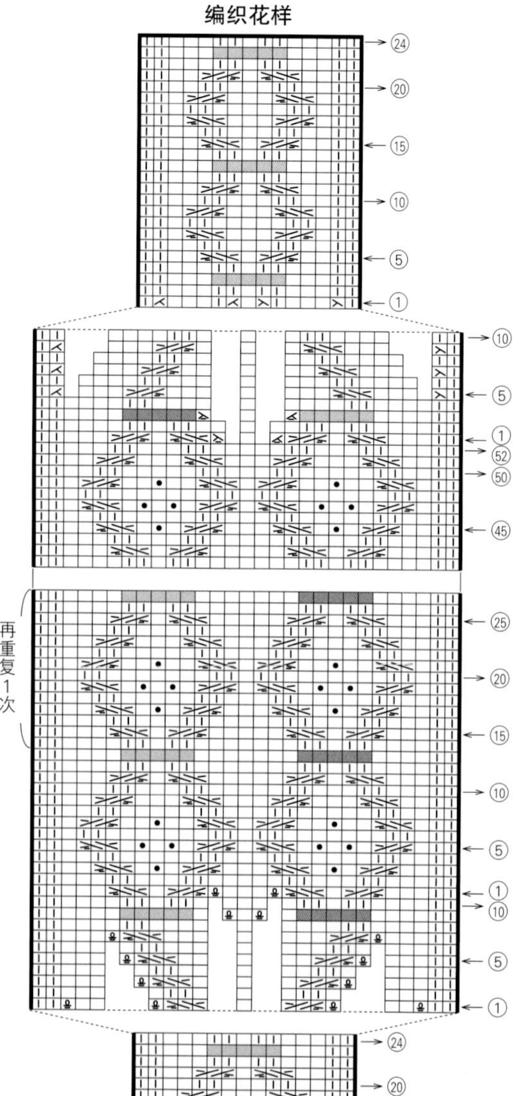

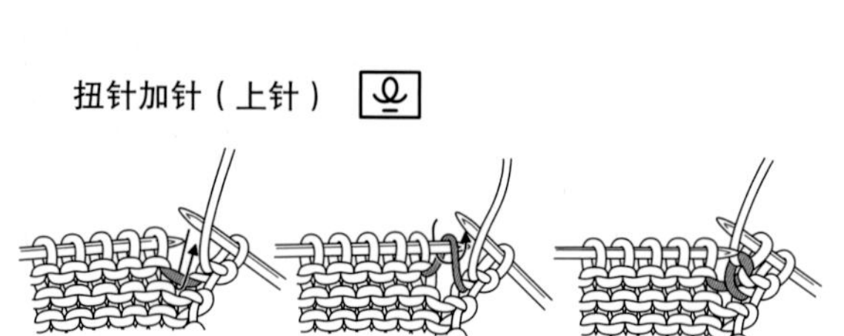

扭针加针（上针）

1 用右棒针挑起针目之间的渡线，挂到左棒针上。
2 如箭头所示插入棒针织上针。
3 扭针加针完成。

□=⊟
= 扭针加针（上针）
编织方法请参照p.91
= 左上2针交叉（中间加入1针）
= 右上2针交叉（中间加入1针）

p.33
发带 f

材料与工具
和麻纳卡 Amerry 米白色（20）10g，灰粉色（27）、土黄色（3）各5g
钩针5/0号

成品尺寸
头围50cm，宽5cm

制作要点
●中心的花片环形起针，用灰粉色线和土黄色线各钩织5片。
●在灰粉色花片上加入米白色线，交错排列花片的颜色，一边钩织花片的下半部分一边与相邻花片做连接。
●第10片花片与第1片花片连接成环形后，钩1针锁针，继续钩织上半部分。

连接花片 10片 米白色

5
第10片
5
第1片
第2片
第9片
在第2片花片上钩1针长针，暂时取下钩针，在第1片花片箭头所示长针的头部插入钩针。将刚才取下的针目拉出，连接2个花片

花片（中心）
灰粉色 5片
土黄色 5片
▷ = 加线
▶ = 剪线

完成图
灰粉色
土黄色
5
50

房门牌（浴室）　p.57

制作 wool letter 的材料

		使用线（和麻纳卡 Piccolo）	铁丝（直径 2mm）
字母	B	绿色（10）…92cm×8 根	19cm
	B 以外	绿色（10）…324cm×4 根、灰色（33）…324cm×4 根	77cm
	t 的横杠	绿色（10）…36cm×4 根、灰色（33）…36cm×4 根	4.5cm
企鹅主体		蓝色（13）…156cm×4 根、淡蓝色（12）…156cm×4 根	35cm
翅膀		蓝色（13）…72cm×8 根 ×2	14cm×2

※字母、企鹅主体、翅膀均使用 2 股线制作。

	使用线（和麻纳卡 Love Bonny）	铁丝（直径 2mm）
外框	淡蓝色（116）…300cm×2 根、白色（125）…300cm×2 根	71cm

	使用线（和麻纳卡 Piccolo）	铁丝（直径 0.7mm）
嘴	黄色（42）…36cm×4 根	5cm
脚	黄色（42）…40cm×4 根 ×2	6cm×2

其他材料

直径 0.7mm 的铁丝 7cm（用于颈部）、
直径 2mm 的铁丝 2cm（用于眼睛）
直径 4mm 的蘑菇扣（黑色）1 颗
大号圆珠 21 颗
直径 15mm 的毛球 2 颗

制作方法

参照 p.59 制作 wool letter，然后参照纸型进行组合。

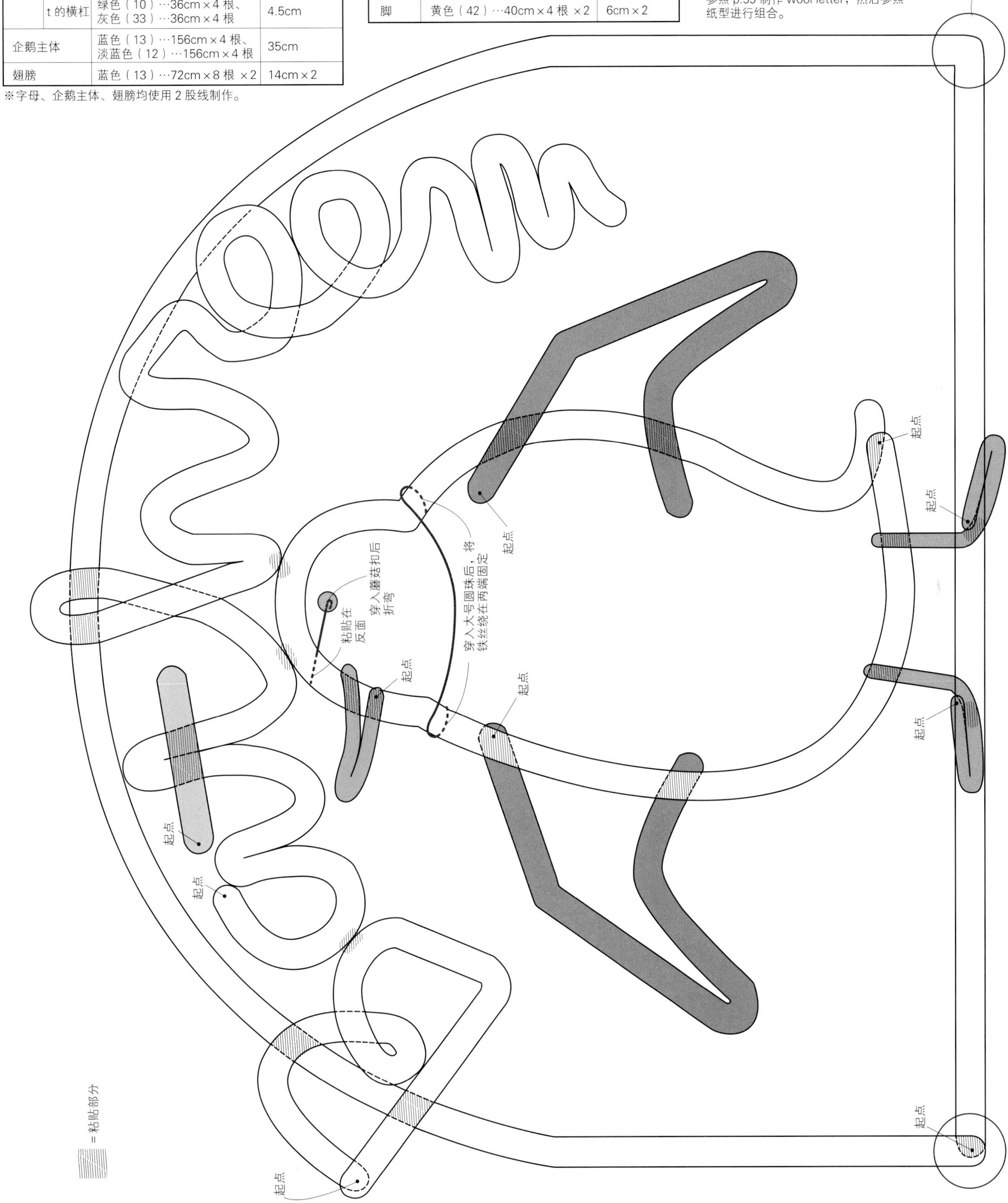

通用

制作方法

参照 p.59 制作 wool letter，
然后参照纸型进行组合。

亲子蝙蝠 p.56

制作 wool letter 的材料

	使用线（和麻纳卡 Piccolo）	铁丝（直径 0.7mm）
蝙蝠（大）	浅紫色（14）…200cm×2 根、灰色（33）…200cm×2 根	46cm
蝙蝠（小）	金黄色（25）…132cm×2 根、灰色（33）…132cm×2 根	29cm

其他材料

蝙蝠（大）/ 直径 0.7mm 的铁丝 8cm（用于颈部）、5cm（用于嘴部）、直径 5mm 的水晶珠 1 颗、小号圆珠 26 颗、红色管珠 6 颗、透明管珠 2 颗

蝙蝠（小）/ 绿色管珠 2 颗

鲤鱼旗 p.56

制作 wool letter 的材料

		使用线（和麻纳卡 Piccolo）	铁丝（直径 0.7mm）
蝴蝶结（绿色）		浅绿色（24）…92cm×2 根、灰色（33）…92cm×2 根	18cm
蝴蝶结（红色）		红色（6）…92cm×2 根、白色（1）…92cm×2 根	18cm
鲤鱼	嘴巴	白色（1）…92cm×4 根	19cm
	鱼鳞	淡蓝色（12）…60cm×4 根 ×2	11cm×2
	轮廓	蓝色（13）…128cm×2 根、白色（1）…128cm×2 根	28cm

其他材料

直径 15mm 的带脚纽扣 1 颗

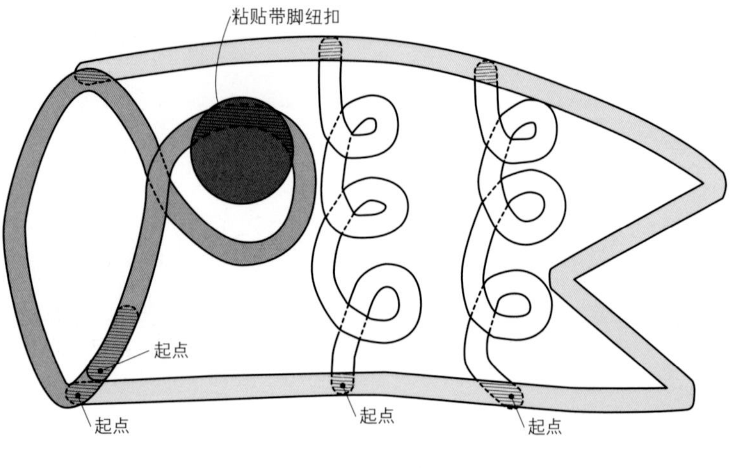

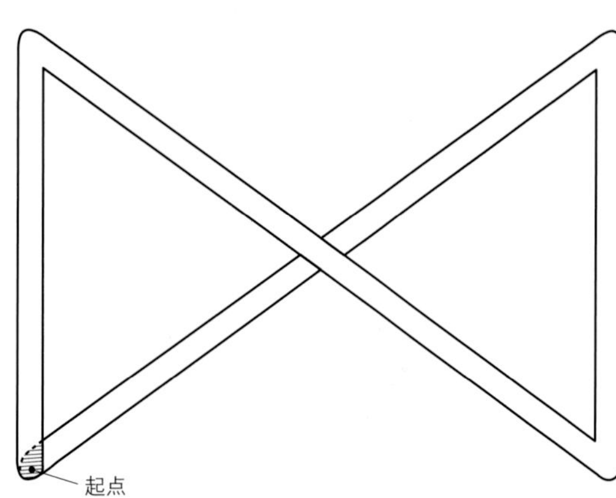

小靴子 p.56

制作 wool letter 的材料

	使用线（和麻纳卡 Piccolo）	铁丝（直径 0.7mm）
蝴蝶结（大）	淡蓝色（12）…120cm×2 根、白色（1）…120cm×2 根	26cm

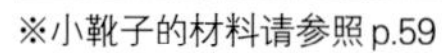
※小靴子的材料请参照p.59

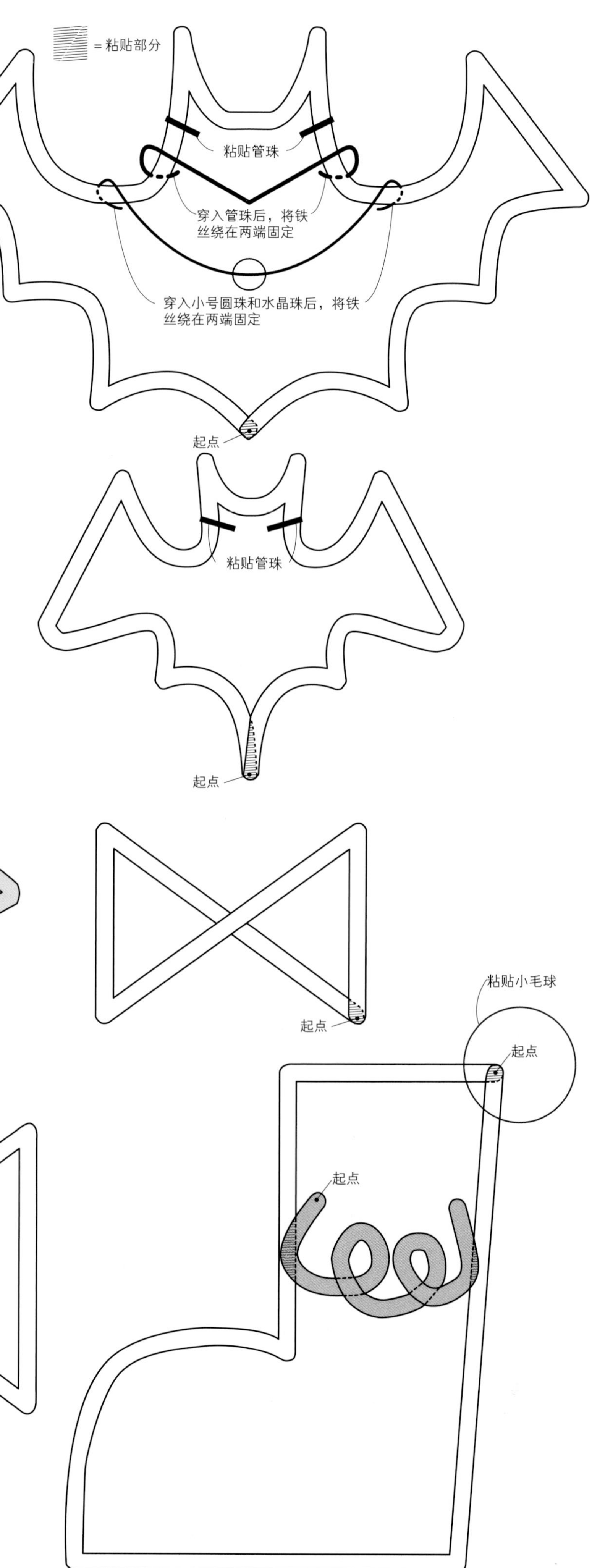

房门牌（洗手间） p.57

制作 wool letter 的材料

	使用线（和麻纳卡 Piccolo）	铁丝（直径 2mm）
轮廓	青绿色（9）…148cm×4 根、白色（1）…148cm×4 根	33cm

※轮廓使用 2 根线制作。

	使用线（和麻纳卡 Piccolo）	铁丝（直径 0.7mm）
嘴巴	绿色（10）…72cm×2 根、淡蓝色（12）…72cm×2 根	14cm
T	黄色（42）…44cm×4 根	7cm
O	浅蓝色（23）…44cm×4 根	7cm
I	深粉色（5）…52cm×4 根	9cm
L	绿色（10）…36cm×4 根	6cm
E	淡蓝色（12）…52cm×4 根	9cm
T	蓝色（13）…44cm×4 根	7cm

其他材料

直径 20mm 的带脚纽扣（白色）2 颗、直径 15mm 的黑色贴纸 2 片

=粘贴部分

粘贴黑色贴纸

粘贴带脚纽扣

起点

起点

起点

起点

起点

起点

起点

起点

②用不织布剪出蒂部

③在蒂部穿入果柄，粘贴在果实上

④在反面粘贴磁铁

起点

①绕成果实状，最宽处直径为 25mm 左右

②用不织布剪出叶子

③将果柄对折后粘贴在果实上，再将叶子粘贴在果柄上

起点

起点

①绕成果实状，最宽处直径为 15mm 左右

④在反面粘贴磁铁

p.58 水果冰箱贴

制作 wool letter 的材料

		使用线（和麻纳卡 Piccolo）	铁丝（直径 2mm）
草莓	果实	红色（6）…140cm×4 根 白色（1）…140cm×4 根	31cm
	果柄	青绿色（9）…25cm×1 根	5cm
樱桃	果实	深粉色（5）…60cm×4 根 ×2 浅粉色（40）…60cm×4 根 ×2	10cm×2
	果柄	青绿色（9）…50cm×1 根	10cm

※果实使用 2 根线制作，果柄是在铁丝上涂上胶水再一圈圈缠上线。

其他材料

草莓 / 不织布 4cm×4cm（用于蒂部）、直径 12mm 的磁铁 1 个

樱桃 / 不织布 3cm×2cm（用于叶子）、直径 12mm 的磁铁 1 个

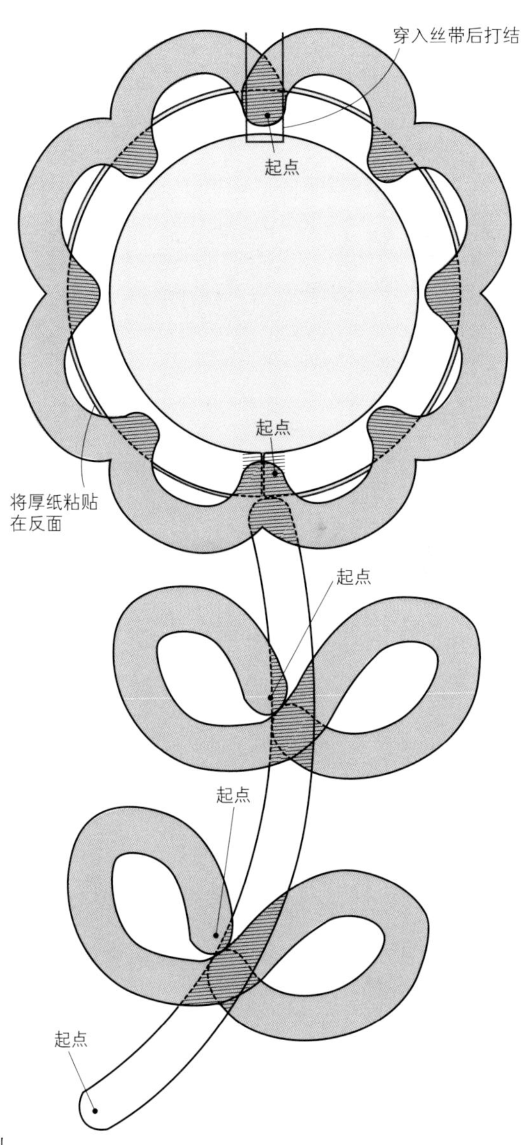

p.58 小花迷你相框

制作 wool letter 的材料

	使用线（和麻纳卡 Piccolo）		铁丝（直径 0.7mm）
花朵	黄色（42）…116cm×4 根 白色（1）…116cm×4 根	浅紫色（14）…116cm×4 根 白色（1）…116cm×4 根	25cm
花茎	青绿色（9）…52cm×8 根		9cm
叶子	［青绿色（9）…68cm×4 根、奶油色（41）…68cm×4 根］×2		13cm×2
圆环	黄色（42）…76cm×8 根	浅紫色（14）…76cm×8 根	15cm

※全部使用 2 根线制作。

其他材料

宽 5mm、长 35cm 的丝带，直径 5.5cm 的厚纸

图书在版编目（CIP）数据

编织大花园. 6，怦然心动的美妙编织/（日）日本宝库社编著；蒋幼幼译. —郑州：河南科学技术出版社，2023.7

ISBN 978-7-5725-1163-9

Ⅰ. ①编… Ⅱ. ①日… ②蒋… Ⅲ. ①手工编织—图解 Ⅳ. ①TS935.5-64

中国国家版本馆CIP数据核字（2023）第083525号

出版发行：河南科学技术出版社
地址：郑州市郑东新区祥盛街27号　邮编：450016
电话：（0371）65737028　　65788613
网址：www.hnstp.cn
策划编辑：刘　欣
责任编辑：梁　娟
责任校对：刘逸群
封面设计：张　伟
责任印制：张艳芳
印　　刷：北京盛通印刷股份有限公司
经　　销：全国新华书店
开　　本：635 mm × 965 mm　1/8　印张：14　字数：180千字
版　　次：2023年7月第1版　　2023年7月第1次印刷
定　　价：59.00元

如发现印、装质量问题，影响阅读，请与出版社联系并调换。